自然°
生活家

用杂货与绿植
打造舒适居室。

日本主妇与生活社 —— 编著

周橙旻 —— 译

U0245044

中国青年出版社
CHINA YOUTH PRESS 中青雄狮

本书为那些想要在生活中加入绿植的人所准备的。
书中并不单纯用绿植来装饰，还结合了各种杂货来搭配，
这样可以让绿植的魅力倍增，尽显绿色的魅力。
即使在小小的花盆里种上一株植物，也是大自然给予我们的恩惠。
所以也要尽量让它展现出最美的身姿才行。

那么就翻开本书内容，
将这些创意
更多地运用到自己的生活空间中来！

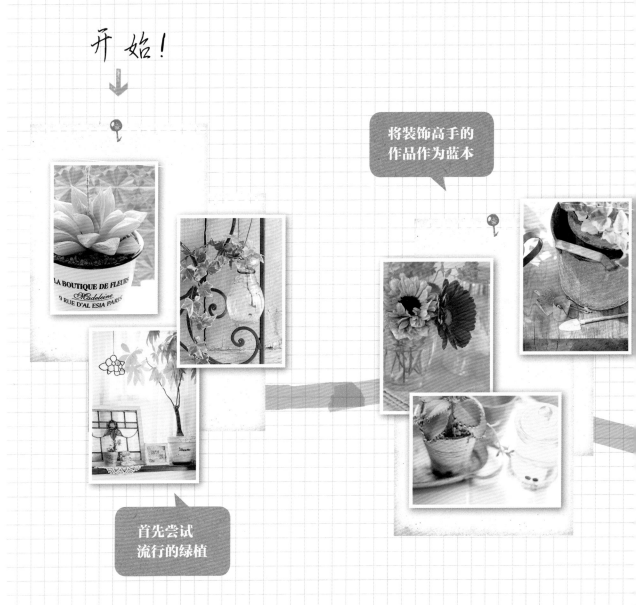

开始！

将装饰高手的
作品作为蓝本

首先尝试
流行的绿植

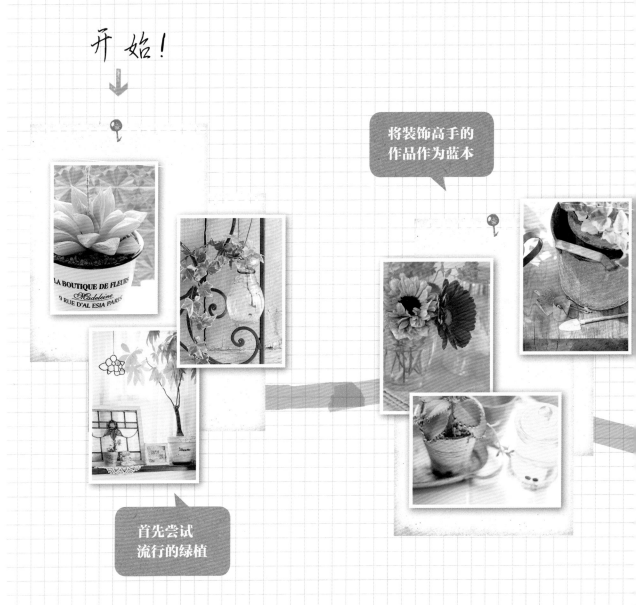

开始全新的
绿植生活 →

去各色店铺发现
可爱的绿植和杂货

找寻与绿植匹配
的小物件

目录

自然生活家
用杂货与绿植打造
舒适居室

田园派

自然派　　复古派

根据室内设计的流行方案分类

简单地用
绿植和杂货进行
装饰的第一步♪

摄影／落合里美　造型／南云久美子
摄影协助／AWABEES　EASE PARIS

想要将可爱的绿植、花草装饰在居住空间的一角，就需要一些小
杂货来搭配。二者如果搭配得当，效果则会翻倍。这里介绍的，
都很容易模仿和实施。并且立刻就能让室内空间更有画面感。就
那么一点创意，也花不了什么功夫，就能让绿色生活充满乐趣。
根据流行的三大装饰门类，推荐了绿植与杂货的组合，大家可以
从中找出自己喜欢的搭配方式。

注意

除了专用的吊盆，还可以用麻绳捆上小瓶子吊起来，这样方便又好用。

不造作的布置才更有美感
利用手头的小杂货拓展出更多创意

自然派

以简单的设计、质朴的质感为核心的自然派装饰风格，是最大限度展示绿植本貌的一种风格。比如，从庭院里剪下一根植物的枝干，用空的果酱罐插上。这样就不造作，还非常漂亮，推荐初学者尝试。

薄荷　　苹果

迷迭香

绿色

叶子小而繁茂的植物

相对于叶子很大的观叶植物，这种叶子很小，但很茂密的更便于装饰搭配。推荐藤蔓类的植物和香草类的植物等这些非季节性的植物。

花

白·绿·蓝
冷色系的搭配

在以绿植为主的装饰中，控制所用花的颜色为好。和绿色比较百搭的白色、淡绿色、蓝色或者紫色的冷色系颜色是比较通用型的搭配花色。花朵小一些也很不错。

纽扣藤

铃串花

木莒蒿银莲花

花毛茛

简洁的玻璃器 **器皿及陶器**

杂货

简洁的玻璃器器皿及陶器

手头如果有瓶子，推荐大家用来装饰。空的玻璃瓶子和简单的陶器都可以起到烘托小型植物的作用。每一个都能形成简洁朴素的装饰，也可以很多个集中在一起。

杂货 ✚ 绿植

自然派
装饰
1

自然派
装饰
2

适合自然摆放绿植的陶制水罐

乍看上去，植物的形态毫不造作，自然气息扑面而来。用白色或者比较素的土色水罐，无论什么植物放进去都很配，可谓百搭的物件。

独枝也能营造花束感

用玻璃瓶或者其他小瓶子插上一枝花，同时可以在瓶子上捆上麻绳或者缎带。这样每一个瓶子都形成一个小装饰，很适合用来招待客人。

自然派
装饰
3

自然派
装饰
4

用篮子营造茂密的感觉

即便是没什么感觉的塑料花盆，装到篮子里就一下子有了自然的感觉，还便于保持清洁，是很方便的手法。

便于装饰球根的红酒瓶

红酒瓶一般都有一定高度，放在桌上很引人注目。可以在里面放上小石子或者贝壳，体现出水栽培的清凉感。推荐尝试铃串花、小水仙和风信子。

比如，还可以将厨房用品用来做装饰。
居住环境到处点缀着绿色，日常生活需要花点小心思。

➕ 牛奶咖啡的碗

虽然方法简单，但是
非常受欢迎的一种搭
配手法。颜色上可以
有很多变化。植物和
碗的颜色统一起来的
话，即便只放一枝，
也很有冲击力。

➕ 罐子

如果有炒菜剩下的香草类植物，
可以像这样插到水里。盖子可以
放在旁边，营造出宽松的空间感。

➕ 漂亮的容器

有些奶酪或者黄油的包装设计得
非常可爱，这些都可以拿来当做
花盆的套子再利用。

铝制混合器（五个
一组）

➕ 量杯

➕ 玻璃容器

分过枝的小型盆栽植物可以直接
种到量杯里。放在厨房或者花园
里就是很合适的迷你装饰。

将剪枝下来的花朵进一步剪短插在水中，
让其发挥最后的余热。扎成一束放入玻
璃杯，这样花茎也能看得到。

铝制罐子

杯垫

比如，还可以将厨房用品用来做装饰。
居住环境到处点缀着绿色，日常生活需要花点小心思。

复古派

想要展现出古典的韵味，绿植和花不用大量使用，精巧地点缀在一处就很有效果。在室内装饰中，这样的手法能画龙点睛，营造氛围。为了能够迎合古典主义风格，体现出主人的品位，花朵的形态及颜色都要认真挑选。

相框、 果盘、蜡烛架、玻璃蜡烛

营造复古派风格的推荐物品

地中海荚

冈尼桉

圆叶桉

绿色

带果实的绿植和银色系叶子搭配

相对于鲜嫩的绿色，带白色的银色系叶子更有复古感。搭配带黑色或者深红色果实的枝干，即便没有花朵，也很有味道，是非常推荐的一种搭配手法。

玫瑰

毛茛属植物

花朵

用暗色系做中间色，体现出特别的味道

相对于鲜艳的花色，淡雅的中间色更有复古感。同样是玫瑰，也有古典感很强的多重花瓣的品种，或花瓣层数不多，但样子非常华丽的品种，不同品种有不同的风情，这里的示例使用了大朵的大丽花。

杂货

细节精致的银器或带图案的器皿

在精致的器皿里插上一些绿植，会比直接摆放在那里更好看。可以弱化高冷的印象，还能进一步烘托出器皿上精致的细节和图案。仅插上单枝就很有效果。

杂货 + 绿植

复古派
装饰
1

令人意外的独枝装饰

在蜡烛架上固定蜡烛用的小凹槽里，可以插上剪得比较短的绿植。比如小朵的玫瑰以及比较有动感的茉莉藤蔓，形成有锐气的美感。

复古派
装饰
2

在图案精致的盘子里发挥最后的余热

如果是有点衰败的剪枝花，可以将枝全部剪掉，只留下花朵，做成漂浮的装饰。在比较深的带装饰花纹的盘子里盛满水，放上花朵，就会让人眼前一亮。还可以漂浮小圆蜡烛用来招待客人。

复古派
装饰
3

自己的收藏品也能成为花器

使用频率不高的食器、单只的杯子都别闲置，可以拿出来做装饰。如果是古董品，会有漂亮的花纹，搭配院子里的花草，真是优雅高贵。

复古派
装饰
4

玻璃储物瓶
紫阳花

将干花封存起来

大朵的紫阳花干花可以剪下一小簇，放在玻璃罐子里。适合放在各种角落进行装饰。

注意

外国的食品罐头贴着非常可爱的标签，吃光后可以当作花盆用，如果多个一起使用，便很有斑驳的田园感。

适合玄关和阳台的小杂货
与好养活的植物非常搭配！

田园派

想要摆放大量盆栽植物的话，比较适合进行营造田园风格的布置。斑驳的小杂货成为田园风格的必备品，在玄关、阳台等接触室外的环境非常适合这样的风格。一些园艺小工具也能成为辅助装饰。

杂货

赤陶、马口铁和木箱的搭配

生锈或者泛着白的小杂物非常适合搭配朴素的绿植，可以体现出个性。只要放在室外一段时间，新的物件也会生出斑驳的质感。

素烧的花盆、香草标签、洒水壶、玻璃瓶（茶色）

木茼蒿

金盏花

花朵

作为亮点的颜色一定要鲜艳

黄色或橘黄色等鲜亮的健康色和绿色互为补色，可以相互衬托。整体用相同色调，稍微点缀上一点亮点色，是体现成熟韵味的秘诀。

绿色

用多肉植物和气生植物
张扬个性

木质的或马口铁的容器在质感上与多肉植物和气生植物非常搭配。这两种植物的绿色和一般植物不同，非常淡雅，与斑驳感质的杂物搭配比较和谐。

松萝凤梨

哈里斯凤梨

营造田园派风格的 **推荐物品**

万年草

芦荟

南十字星

气生植物和枯木构成的景观

室内的任何地方都能像这样用小杂货做出装饰。仅用气生植物和枯木效果就很好，但如果能加上点玻璃器皿一起摆放在桌子上，就更加有味道了。整体特别有艺术气息

马口铁和多肉植物是黄金搭档

小型多肉植物与做旧感很强的马口铁搭配进行密集种植。因为多肉植物非常好养活，可以长时间摆放不衰败是它的一大优势。布丁、果冻或者蛋糕型的器皿都是很受欢迎的。

蜡烛 + 水栽培的室外搭配手法

使用常春藤或者纽扣藤等可以进行水栽培的绿植就可以实现这样的搭配。防虫的蜡烛或者漂浮的蜡烛周围装饰一圈就很好看。

鸟笼搭配藤蔓植物

藤蔓类的绿植搭配可以缠绕的物件。鸟笼的话即可以放置也可以吊起来，都很有画面感，即便很小的一个，只要有它，就能让空间感觉一下有了变化。

多肉植物 ←-------
X
杂货

←------- 藤蔓类植物 -------→
X
杂货

圆润可爱的多肉植物、延展性好的藤蔓类植物，
还有特别能营造出成熟感的干花，
加上能成为房间装饰核心的室内树木。
室内装饰的高手们，
一般都会用这四种植物来进行装饰创意。
这里就来看一下风格不同，但都充满灵感的装饰技巧。

Chapter 1

运用室内装饰爱好者中流行的四大绿植

做好室内装饰

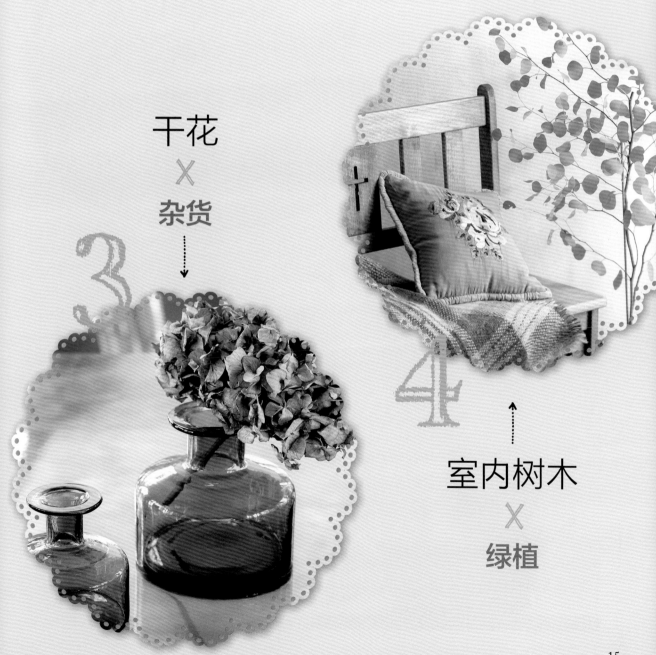

干花

X

杂货

室内树木

X

绿植

❀ 小巧精致，与各种杂货都很搭配

多肉植物 ✕ 杂货

多肉植物因为样子圆润可爱，而且特别好养而备受欢迎。
对室内装饰的初学者特别推荐多肉植物。

创意 花盆用蕾丝及英文报纸增加情调

在十元店买了蛋糕型花盆，并且进一步进行了装饰，非常适合密集种植。用比较小的石子铺了表面。

 创意 和微型物件一起构造迷你景观

多肉植物柔美的绿色和做旧感很强的马口铁非常搭配。
1 密集种植的迷你盆景，用马口铁的盆子营造微缩景观效果，并且添加了洒水壶和水桶做装饰。2 小型盆栽的迷你景观，装饰墙壁非常合适。

花田小憩研究社

▶ 汇聚全球**10位**花艺名师，**包年**不限次观看 ◀

教授／Professor	2017-2018年部分内容/ Course Details			
Damien Koh 高炎发 （新加坡）	花束的螺旋技法圆形、单面 花束基础技法 交叉、平行	架构花束的基础技巧：装饰和实用的表现方式	古典花艺 千朵花 不对称三角形的应用	古典花艺 多层次圆形 瀑布形
Brigitte Heinrichs 布吉特 （德国）	现代花艺技巧 蒲棒的设计运用	现代花艺技巧 三叉木的运用	现代花艺技巧 低比例的花艺设计技巧	现代花艺技巧 木棍捆绑的架构技巧和运用
Mark Van Eijk 马克 （荷兰）	巨型花束的制作方式	组合式的餐台设计-水果	架构餐台造型的设计	荷兰式的大盆花 （酒店、软装）
Elly Lin 林惠理 （中国-台湾）	圣诞节 花环的设计与制作	圣诞节 玄关的作品设计	婚礼宴会 餐台花的设计	现代主义 餐台花的设计
Takumi Nakaya 中家匠海 （日本）	现代花艺设计技巧 造纸术的运用 球形设计	现代花艺设计技巧 造纸术的运用 架构花束	现代花艺设计技巧 纸在设计中的运用 架构花束	现代花艺设计技巧 蜡的设计运用 禅学风格
Cue Cao 曹雪 （中国-北京）	基础入门 花材识别 花泥的使用固定 常用工具物料的使用	商业化设计师 （初、中、高） 基础商业作品制作	当一名店长 VI视觉 运营管理 进销存	宴会设计师 基础造型制作 方案与执行 全案执行制作

如何观看：
用付款的手机号登陆花田小憩App即可

花田
小憩
研究社

PLANT

创意 运用厨房用品进行装饰

推荐在一个小器皿里上种上一株多肉植物的手法。1马克杯或者牛奶咖啡碗等，手边的东西都可以拿来用。2布丁或者果冻的杯子拿来用也很有统一感。铁制品或者铝制品的质感搭配多肉也非常好看。

逐渐产生锈迹的器皿也是很有味道。在重磅蛋糕或者面包的模子里放上花盆，模子材质经年逐渐变旧的过程也很有趣。

创意 铺上蕾丝更显华美

1铝制的布丁模子充满无机质感，为缓和这种质感，搭配了惹人怜爱的迷你多肉植物。2花型的蕾丝适合搭配质朴的器皿。在想要略为突出存在的时候可以使用。

创意 利用小架子给墙壁增添亮点

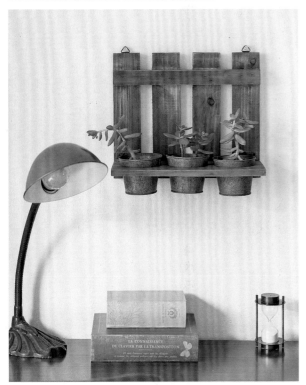

放上完全相同的盆子会给人清爽的感觉。仅是叶子可爱的形状就能成为墙壁的亮点。

多肉植物 X 杂货

🌿 **利用旧鞋进行装饰**
创意

鞋底形状的物件很适合用来做墙壁装饰，至今都还很受欢迎。如果是小型的多肉植物，与其搭配再合适不过。

🌿 **舒芙蕾的模子里**
创意 **密集种植多肉**

好像是多肉植物的甜点从烤箱里端出来了似的。放在搪瓷托盘上更加引人注目。

🌿 **以铁栅栏等建材为**
创意 **舞台**

铁栅栏或其他铁质建材都是悬挂的好材料。带挂钩的器皿或者小型瓶子都可以往上挂。

🌿 **铺上椰棕**
创意

洗手盆造型的花器里密集种植了多肉植物，在间隙及周围露土的地方用椰棕进行了装饰。

🌿 创意　用多肉替换灯架里的蜡烛

在复古的蜡烛灯罩里铺上椰棕，是很有个性的一种装饰手法。可以放多肉，当然也可以放干花。

在书本形状的小物件里 进行迷你装饰　创意 🌿

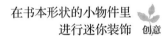

书本形状的盒子打开盖子，里面密集种植一些小小的多肉植物，这样看起来就好像一个迷你的杂货铺一样。

藤蔓类的多肉植物 可以从顶上垂下来　创意 🌿

室内如果想弄些下垂的绿植，摆放在窗边最合适了。推荐选择翡翠珠等叶子形状很可爱的类型。

扣上玻璃罩子，形成 创意　迷你景观 🌿

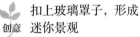

迷你玻璃罩可以进行小型的造景，很有异国风情。来客人的时候可以模仿一下，摆出来招待客人。

栽上植物的铁桶用 创意　称吊起来 🌿

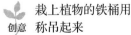

古董品的秤也可以运用到挂件上。将红色系或者紫色系等非绿色的多肉植物放进去就显得很雅致。

 让花茎划出流动的曲线，形成漂亮的造型

多肉植物
X
杂货

藤蔓类植物会长得很长，
和小杂货搭配也是趣味盎然。
就好像首饰一般垂下来，
为室内装饰增添动感。

 创意 以受欢迎的铁栅栏为舞台

在作为建材使用的铁栅栏上缠绕藤蔓植物能强调
出植物的特性。还可以搭配一些花，或者一些水
栽培的小瓶子挂起来，是非常漂亮的装饰舞台。

 创意 多种类聚集在一起

花篮装饰纽扣藤或常春藤等藤蔓类植物，即使用
很小的花盆也能体现出丰满的感觉。可以密集地
放在一起，用花篮装起来。

 创意　与墙面挂件组合

1 房子的外墙也可以装饰得时髦起来。即使不用大量的藤蔓铺墙，也可以用手头的盆栽进行墙壁的杂货装饰。常见的爬山虎也显得鲜嫩动人。2 藤蔓类植物和文字标牌搭配。标牌选择那种很有复古感的就非常搭配。3 园艺风格的装饰搭配黑板很有效果。4 即使没有墙面用的花盆，也可以用比较轻巧的桶，然后用钩子挂起来。

 创意　藤蔓倾泻而出的装饰

有一定长度的藤蔓可以为装饰增添动感，推荐使用。1 在房子形状的鸟笼子里放上种了纽扣藤的花盆。关键点是要让枝条自然地伸展出来。2-4 常春藤是藤蔓类植物的代表，并且十分耐寒，不挑季节可以一直生长。可以通过水栽培来分枝，不断扩张。因为本身充满自然的感觉，无论什么风格的器皿都很搭，也由此很受欢迎。

 创意　微微打卷的枝叶

藤蔓类植物进行单枝的装饰也很可爱。只是一小枝纽扣藤，在白色的基调下就很醒目。

藤蔓类植物 X 杂货

🌿 小鸟啄食的装
创意 饰造型

园艺用的麻袋以及麻布铺在下面，
小杂货和绿植就可以在盆里进行
搭配装饰了。

小鸟喂食器里 🌿
密集种植 创意

园艺用的麻袋以及麻布铺在下面，
小杂货和绿植就可以在盆里进行
搭配装饰了。

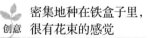

🌿 密集地种在铁盒子里，
创意 很有花束的感觉

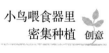

木头箱子的盖子
当背景 🌿 创意

将木头箱子的盖子竖起来作为装
饰。让绿植一下子变得很有画面
感。盖子上的标志成为了很好的
亮点。

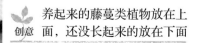

🌿 养起来的藤蔓类植物放在上
创意 面，还没长起来的放在下面

将多种植物密集种植在一起，能够起到归纳作用的就
是纽扣藤。可以衬托得披萨草和法绒花很漂亮。

利用长凳等体现出高低差，也是藤蔓类植物的常用装
饰手法。已经长起来的可以放到高处，强调出长度。

创意 挂在锁链上
体现动感

鸟笼里卷上青苔种起来的植物，
打开上面的盖子吊起来。这时用
带钩子的锁链就很方便。

创意 不用的称可以成为绿
植的绝佳舞台

在盛放辣椒等调味料的罐子里插上一枝。
因为是巴掌大小，放在厨房磅秤的托盘上
再合适不过了。

创意 比较大的桶可以
成为花盆套

已经养得比较大的盆栽可以放到大
铁桶里。斑驳的马口铁桶当然不错，
搪瓷桶也很好看。

创意 利用凹洞形成
绘画感

墙面如果有凹槽，可以放置盆栽
或花器，这样就很有画框效果。
背景还可以用卡片或者海报来装
饰。

创意 展示藤蔓类植物
果然还是要高

如果想在书架上装饰绿植，好养的绿萝就很合
适。越长越长也是它的优势所在。

创意 草帽为小道具的山庄风格

在有阳光直射的窗边，挂上长长的藤蔓，加上一
顶草帽。仲夏情怀的布置很有诗意。

❀ 体现淡雅感觉的关键物品

干花
×
杂货

色彩微妙的干花
与古董风格的杂货搭配是最合适的
因为可以长时间使用,
可以轻松营造出高阶的室内布置。

 相互衬托的最佳拍档

用大堆的干花带着长杆进行装饰
就很有画面感。非常适合复古情
调的装饰风格。

 干花增添做旧感

做旧风格涂装的家具和干紫阳花
十分搭配。根据涂装颜色选择干
花花色就比较有一体感。

创意 放在画框里就能让干花显得很有存在感

1 和 2 在墙壁上挂起相框,同时加上蕾丝或卡片的装饰,形成立体感。相框可以从 上吊起来,也可以用长一点的钉子钉在墙上,让画框悬浮于墙面。白色墙壁一般选用带颜色的干花。

创意 用蕾丝包裹装饰照明灯具

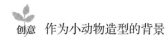

照明器具的装饰也是室内装饰的热点。装饰物尽量不要接触到灯泡,可在灯罩上装饰铁丝或者框架,然后放上干花。类似缎带等都能进一步提升复古感。

创意 作为小动物造型的背景

如果觉得装饰起来还差点什么,就可以试试干花。从大坨的干花里剪下一小块来用就好。

创意 同色系的干花可以营造统一感

褪色或者带着褐色的紫阳花干花,与颜色质朴的物件及家具搭配就可以构成怀旧的空间。

25

干花 X 杂货

🌿 **创意** 向斜下方伸展

搭配枝干和果汁，形成一大束，固定在房间的立柱上，有一种张扬的美。

🌿 **创意** 与琥珀色的瓶子搭配

冷色系的紫阳花与琥珀色也是非常搭配的。小药瓶或墨水瓶等都可以。

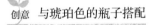

🌿 **创意** 高高挂起、重重垂下的山中小屋风格

1 原本是将香草类植物晾干形成复古的装饰，用环形的制品吊起来。除了可以挂一些工具，还可以用于晾晒干花。2 直接利用墙壁上的钩子架也是很不错的。3 直接从架子上垂下来，令人们的视线集中到墙壁的高处。

 单一色调衬托
创意 铁的质感

无机质的马口铁，与叶子也都枯黄了的玫瑰干花非常搭配。绝妙的配色体现出雅致的感觉。

 将玄关装点
创意 得雅致

由于干花做装饰的时间比鲜花要长，也适合运用在最初迎接客人的玄关。除了放在花器里，还可以放在架子或者桌子上。

创意 重心向下

将大把的紫阳花干花扎成束，非常有存在感。如果是白色调为主的房间，可以将它作为亮点点缀。

创意 装饰兼收纳

将枝干完全减掉就留下花头的紫阳花就成了不错的杂货。多摆几个或者单独一个都可以，很容易为装饰做出变化，很好用的一种干花。

 创意 以篮子为舞台

1 用篮子进行装饰，不仅操作方便，效果还很好。在大篮子里放满干花，就很有西洋复古的感觉。2 像花冠一样卷成一个圆圈，装饰在野餐筐上。

运用受欢迎的
4大绿植
巧妙装饰④

🍀 家人聚集在一起的房间中的标识性存在

室内树木

✕

杂货

作为室内装饰的核心，
树木也是很重要的部分。
房间里只要有一棵，整体就显得紧凑起来，
同时还有治愈效果。

 创意　室内树木体现纵深感

大型室内树木有繁茂的枝叶能够形成阴影，这样可以缓和室内空旷感，形成独特的纵深感。盆子也是很大型的，所以土层表面可以用青苔铺一下，这样看起来就更漂亮了。这里用手工制作的麻绳营造出青苔的效果。

创意 放在沙发旁边形成 绿色的房檐

沙发是室内宽松的环境氛围的核心，旁边放上一棵树，坐在沙发上仰头就能看到，很有治愈效果。叶子一片片都很大的爱心榕一直是受欢迎的室内树木之一。

创意 小型树木适合放在角落

1 如果走廊一端或者正对门的地方比较暗的话，放一棵小树就能显得亮堂。2 室内也能茁壮成长的橄榄树也是很受欢迎的品种。银色的叶子很适合复古且雅致的室内格调。

室内树木 ╳ 杂货

🌿 **桉树盆栽或者插枝**
创意 **都很不错**

品种繁多的桉树可以根据喜好进行盆栽，或者剪下来插枝做装饰，都很好看。可谓一石两鸟。

🌿 **度假村风格的室内环境**
创意 **中可以作为亮点**

1 仲夏时白色的藤编桌椅搭配椰子树再合适不过。2 很张扬的形态，在充满个性的室内空间，成为平衡性良好的亮点。

🌿 **在不用的季节里，**
创意 **拯救柴火炉**

在很难收拾干净的柴火炉一角，放上大型盆栽，就能让人感受到一丝清凉。

放在窗边，
弱化室内外的界限 创意

室外平台和室内之间的界限，可以大胆地放一棵树。让室内仿佛成了直连室外开放空间似的。

创意 如果是小型树木就
不挑地方了

1 将小树放在飘窗上，这样会非常引人注目，所以花盆的选择要仔细斟酌。
2 在休闲空间的一角，一定要放上绿植。用一些高度的桶做花盆装饰会很好看。

花盆套提升品位 创意

1 比较矮，口又大的马口铁桶给人安定感，适合搭配大型绿植。2 塑料的花盆直接放到篮子里，带把手的话还方便搬运。3 薄木板的花盆套很适合自然派的室内风格。

好养的香草类植物，不仅能吃，还能用来装饰

茎和叶子晾晒干

吊在厨房的窗边，不但可以享受清香，还能晾出干花。储存起来可以在不能收获香草的冬季使用。

将花晾晒干

将晾晒干的甘菊和金盏花做成保湿面霜。可以让肌肤水润光滑。

用茎叶来做手部桑拿

加上热水后，香味立刻就出来了。将手浸泡一下，可以润泽干燥的皮肤，还可以顺便蒸蒸脸。

香草是神给人类的恩赐，生活中方方面面都能用到。

1 叶子非常鲜嫩的薄荷可以衬托华丽的玫瑰。"可以在花朵不足的时候增加体量感。"2 以蓝色的门和窗板作为亮点的门廊。桌子也可当作园艺的操作台，也可以用来享受下午茶。功能多样。

栃木县 // J 女士

窗边用薄荷以及甘菊来点缀，
台子上还有自制的腌菜。
色彩自然的厨房里，
到处都是香草植物。

　　花朵、茎、叶子、种子、根，浑身上下都是宝，可以做药品、食品、染料，或者用于美容。香草类植物对于我们的生活能起到很大作用。同时因为养起来很容易，从古时候开始就广受欢迎，不过大家知道这些植物也能用于装饰吗？

　　J 女士便一直感谢大自然的这一恩赐并将其运用在生活中。

　　J 女士开始在家里养香草类植物还是三年前搬家后。虽然现在很多人直接买苗回来养，但 J 女士还是用种子种植，并

且不用农药，而用家里自制的香草喷雾防虫，很下功夫也付出很多感情。所以每天也都伴随着一粒粒种子努力生长。发芽长出两片叶子时的感动，以及花朵含苞初放时的欣喜。在生活中运用香草植物也是 J 女士最近的乐趣所在。

　　"不管是香草植物还是一般的花草，养育它们，并且从中感受到自然的恩惠，这样才能让生活充满滋润。这也是我最近才感到的。"

鲜艳的绿色瓷砖，让厨房显得更加敞亮。家里自制的腌菜还有香草，让环境更加自然。

香草类植物的装饰还有动人香气

1 在香气最浓的时候摘下来，干燥后的薰衣草做成了香袋。2 化妆水是香草茶加精制水为基础制成的。左侧是天竺葵，右侧是晾干的薰衣草香。3 香味很强烈的英系薰衣草花束挂在了窗帘固定绳上。借着初夏的微风，似有似无的香气沁人心脾。

还可以加工成食物

1 薄荷和香蜂草泡水的香草茶。"再加上里面有三色堇的冰块，就可以拿出来招待客人了。"2 月桂、迷迭香、莳萝做的腌菜。在蔬菜丰收的季节做好保存起来。3 代替黄油，使用了菜籽油，加入了欧芹的茶饼。这是推荐给不喜欢吃欧芹的人的一种吃法。

4 茴香除了可以做肉或者鱼的时候用来提味，还可以夹在三明治里。5 虾夷葱淡粉色的花朵，百合一样的小花朵一朵一朵的，非常可爱。6 叶子做汤和菜的装饰，茎可以做香料包的意大利欧芹。7 铺地用的非常好的匍匐型百里香，也可以用来为汤提味。

欧芹	薰衣草	薄荷

"香草类植物是神的馈赠。每一种都散发着神秘的香气。"1 富含维他命和矿物质的欧芹是天然的保健食品。2 薰衣草原产地中海，不喜湿。放在容器里养殖的时候要注意控制水分。3 J女士家里的薄荷长得非常茁壮，香气袭人。

J女士喜欢的 7 大香草植物

茴香	虾夷葱	意大利欧芹	百里香

Chapter 2

30家实例

将自己的家变成绿洲
杂货和绿植营造的
自然派生活空间

▶ 厨房

▶ 客厅和餐厅

▶ 窗户

▶ 阳台

▶ 厕所

▶ 玄关

▶ 墙壁

▶ 顶棚

为了能让家人都获得放松，
不仅是客厅，
厨房、卫生间等家里各处，
只要布置一些绿植，
就能让家变成一个绿洲。
这里走访了三十家室内装饰高手的家，
来看一下如何将自己的家变成自然的空间。
死角也能变身绿莹莹的空间。

厨　房

只要添加一些绿植，
就能让厨房变得清爽而自然

静冈县 /G 女士

在各处添加绿植，
和厨房里的复古派用品真是非常搭配。
英国的乡村风厨房
就这样完成了。

天窗的复古彩色玻璃是从里面用木螺丝固定的。煤气炉是法国 LOJEL 的。

放在架子或者搪瓷制品上做装饰
让绿植融入厨房环境

创意

1 IMAN 的架子上用庭院里摘的绿植做装饰。2 在大理石的整理台放上白色的搪瓷壶就非常搭配，棣棠花的白色小花放在水罐里也很好看。3 窗台上纤细的绿植是胡萝卜的叶子。"扔掉实在有点可惜，在厨房明亮的地方像这样装饰点橘黄色也不错。"

　　阳光透过天窗上的彩色玻璃撒到了 G 女士住所的厨房里。厨房里到处都可以看到复古风格的用品和容器，搭配绿植进行装饰，显得很有品位。"我特别喜欢英国的古董品，所以新房的厨房无论如何也想弄成英国的田园风格。"

　　在旁观者看来，G 女士的理想是真的实现了。但她自己还是觉得有些遗憾之处，比如油烟机应该是拱形的，灶台也应该更加复古一些，

更加雅致一些等等。还是有很多理想没有实现。

　　即便如此，自己动手增加收纳空间，将喜欢的杂货和庭院里的绿植进行改造搭配的过程中，G 女士真是倾注很多心血。即使时间不断流逝，G 女士对古典主义和铝制品的爱好一直未变，厨房空间令人感觉非常舒适。

好像有一种穿越到了西方世界的雅致感。装饰的搪瓷制品和黄铜水龙头用紫色的花朵搭配非常合适。

瓷砖墙壁上用常春藤的枝叶装饰。虽然空间不大，但还是需要绿植的装饰。

厨　房

架子上摆放着五颜六色的食器，添加一些小叶的绿植作为装饰，可以让气氛更加轻松。

🏠 **兵库县 /S 女士**

为了让在厨房忙碌的时间更有情趣，
将不大的绿植装点在多处。
改变装饰也非常方便，
每天打理家中事务从来不觉得累。

1 将带花纹的常春藤和狗牙花放在篮子里，"里面垫上托盘，这样浇水也不怕，搬运起来也很方便。" 2 迷你仙人掌种在蛋奶酥的模子里，放在玻璃架子上。感觉会让人误以为是甜点！

S 女士特别喜欢更新绿植的装饰搭配，并且特别会做点心。招待朋友进行咖啡聚会是家常便饭，所以会花心思在室内装饰上。厨房台面深处的架子上会用篮子或者小杂货体现出品位。当然为了让家里更有自然的感觉，不可或缺的还是绿植。

"我们家院子只有门前那么一点空间，窗户外是看不到绿色的。所以为了能让室内环境更加清爽和放松，房间、厨房里，各处都用绿植装点。"

重新涂装的空罐子或者蛋糕模子，舍弃了原本的功用，和绿植搭配成为不错的装饰。

最近 S 女士忙着将架子重新涂成淡蓝色，红酒箱子改装成架子固定在墙上等，这样就有更多的舞台进行绿植装饰，为了美化居家环境，S 女士也是快马加鞭。

"如果仅用绿植做装饰感觉有些寂寥，那么可以添加少许色彩明快的花朵。"

为了收纳咖啡用具而装上的箱型壁架，用黑色的三叶草做装饰体现出雅致而沉静的感觉。

放置厨房用品和工具的地方更需要绿植的装饰

1 挂着围裙和扫把的立板主要是为了盖住冰箱。用干花做装饰，体现出喝咖啡时间的休闲感。2 窗边的麻叶绣球"非常清新，和旁边的玻璃罐子非常搭配。有时候也会用在桌面装饰上"。

🌿 绿植 + 色彩鲜艳的小花
创意 成为厨房的亮点

1 非洲菊和大丽花插在常用的玻璃瓶子里，感觉非常休闲，"花茎剪得短一些就会超出预期地变得更可爱。"2 银莲花单独一枝分别放在复古风格的小瓶子里和陶制瓶子里。用花型的蕾丝垫在下面，体现出古典主义的感觉。

客厅和餐厅

家人的休闲空间，
当然少不了绿植的治愈

可以看到外面庭院的客厅，一年四季的采光都很好。白色的靠垫是新做的，是用原来很喜欢的连衣裙自己动手做出来的。

1 非常喜欢甘菊等的小花，自然无造作。搪瓷的杯子是 IMAN 的，托盘是在杂货店购入的。2 带红色刺绣的桌布，是今年新春的最爱。"以后也想自己挑战一下刺绣和十字绣。"3 庭院里树木的小枝剪下来穿在水栽培用的网子上做成篮子，可以用来养球根。这个创意真不错。

🏠 长野县 /X 女士

庭院里的花朵和绿植都可以摘下来，
装饰到客厅的各处。
自然的香气，
让身心都获得了放松。

　　在 X 女士家的庭院里，每年雪花莲和圣诞玫瑰一开花，就预示这春天的到来。早春时节，野草和玫瑰都开始发芽，逐渐显现出春天的气息。这一时节从客厅便可眺望庭院，感受春天，是 X 女士最享受的时光。

　　X 女士当年被《红发的安妮》所触动，向往回归自然的生活，装修这个家已经是 10 年前的事情了。家里主要用的松木家居，室内装饰主要是绿植和自己手工制作的物品。充满温馨的感觉。

　　"想要让生命的光辉充满室内空间，让家人都能获得放松。"

　　不管春夏秋冬，X 女士都会尽心尽力地照顾室内的绿植装饰。为了能一直保持自然的氛围，窗帘等布艺也都是以小花图案为主。"我很喜欢绿色的小杂货，大概也是木制家具和室内绿植搭配效果很好的缘故吧。"

 创意 架子上用桉树枝做装饰

窗子下方的架子上装饰的桉树枝香气扑鼻，愉悦身心。庭院里种植的花和香草晾干后可以做成花环或者胸花。

客厅的各处都用绿植和花朵点缀。新鲜的绿植可以净化空气，让呼吸更加清新、舒爽。

 创意 在窗边集中摆放可以做日光浴兼装饰

中午阳光充足的时候可以将绿植移到窗边晒晒太阳。"被自然的色泽和香气所包围，感觉心灵都获得了净化。"

客厅和餐厅

创意 墙面的留白上用
绿植和小杂货进行装饰

🏠 高知县/Z女士

每天泡泡咖啡的同时，
学习了绿植和小杂货的搭配方法，
对有自己风格的室内装饰充满了乐趣。

墙面的黑板、埃菲尔铁塔、铁网做的篮子，形成顶端对齐的布局，这些装饰让墙壁显得更加宽阔。

1 到了春天，一定要购买的就是爬墙虎。垂下来的藤蔓上，"叶子特别可爱，就像一朵朵的小花。" 2 带着动人香气的桉树枝，直接截取长势喜人的长枝来用，体现绿色的生命力。

创意 玻璃为背景可以更加凸显绿植

旧窗框搭配纯白的蕾丝纸巾和绿植，并且挂上花篮，形成了自然派的一角。

Z女士搬到这间租屋是两年前。当初一心想着尽快适应新的生活，根本无暇顾及室内装饰。结果心情也是越来越忧郁，身体每况愈下。摆脱这种糟糕的状态，还是后来多亏了咖啡文化。

"颜色鲜艳的小物件以及鲜嫩的绿植真是切实让我获得了治愈。"

为了能够保持喝咖啡那种放松身心的情调，经常更换装饰，心情也跟着逐渐好了起来。

"沙发前的茶几选了复古款，杯垫和马克杯的白色装饰了含羞草的干花。"

Z女士的装饰手法是根据房间整体的感觉，在局部进行绿植装饰。夫妇二人的梦想是开一家家庭咖啡店，所以在自己家中不断进行着尝试和摸索。

42

小时候玩耍的地方是原野和小树林，
想要在老宅子里还原
记忆中的大自然。

创意 装饰用的建材做成了藤架

在展示活动中使用的展示架是老公的手艺。感觉好
像是坐在了花朵绽放的合欢树下。

对 X 女士来说，小时候在大自然中捡拾
叶子和小石头是人生珍贵的回忆。为了能再现
当时的情景，他们购入了二手房，和老公一起
自己动手改造，于是就形成了现在这样的室内
效果，让人完全感觉不到这里是东京。

进门后最先映入眼帘的是白桦的木材、
树枝及果实等货真价实的自然素材。公园里捡
的小树枝做成屋檐，很粗的原木好像还是活的
装饰在那里一样。

"想要获得森林和原野的原生态感觉，
觉得这样的感觉一定很棒，就尝试自己来实现
了。"

不管 X 女士的想法有多奇怪，老公虽然
一开始会有点莫名其妙，但还是会想办法将她
的想法付诸实施，这就是夫妇二人双手创造出
的居家环境。

"希望大自然的温馨能让更多人理解和
感受到。"

做一个框架，然后用树枝，木螺丝和木工漆做了
一个小房檐。再加上一些植物和长凳，感觉就是
庭院一角。

1壁挂用的帘子像吊床一样吊起，加上
花篮。上面放上干花。2工作室的入口
挂上口袋，里面放上小花迎接客人。

窗 户

窗边是绿植大显身手的舞台

客厅里，和老公一起安装的壁板还有各种家具都统一成白色。衬托得窗边的绿植更显鲜嫩。

 福冈县 /Z 女士

沐浴温暖的阳光，
飘窗上摆放的绿植呼吸着新鲜的空气。

Z 女士家的客厅从地板到顶棚都统一成了白色。窗外的春色透过蝉翼纱的窗帘透过来，室内充满阳光。"我特别喜欢白色，所以我家一年四季都是白色为基调。每年到了春天，心情也跟着雀跃起来，就会用大量的绿植、花朵进行室内装饰，窗边摆上好多透光的小玻璃瓶来迎接春天的到来。"

因为特别喜欢各种杂货，Z 女士在山口县经营着一家杂货店，名字叫做"卡利安"。结婚前就特别擅长手工制作，会自己画图案，缝制布艺小物品，只要有时间，手头就不会停。

家中也会使用壁板，地面自己重新涂装，家里的改造已经初具规模，飘窗上的绿植沐浴着春天的阳光，感觉非常幸福。

放入马口铁制品
体现出田园的感觉 创意

1 Z 女士最喜欢的绿植就是椒草。放在阳光充足的飘窗上，茁壮地成长。2 不管是古董品还是现售品，最喜欢的就是瓶子。买了很多收藏。特别是春天的时候，搭配叶子和花朵特别自然不造作，招人喜欢。3 比较好养的多肉植物，一年四季都很好看，还可以分枝种植不断增加数量。移植到马口铁制品里，还很有雅致的感觉。

创意 用夹子把绿植固定在窗帘上

东京 /G 女士

覆盖面积不小的窗帘上进行装饰，改变氛围

将麻布攒起来，从内侧夹好夹子，就变成了蓬松款的窗帘。夹上点绿植还能更显清爽的感觉，让氛围更优雅。

创意 考虑窗外景色，进行挂饰搭配

埼玉县 儿 女士

光打在花朵上的时候感觉很梦幻

带露台的玻璃窗，故意空出一块没有玻璃，形成开放空间。带条纹的玻璃可以聚集阳光，搭配盆栽或者藤蔓蔷薇就可以体现出梦幻般的氛围。

创意 数厘米宽度的小台面放小瓶子很好看

神奈川县 /T 女士

窗子小台面上适合独枝的装饰

窗子的小台面上可以搭配迷你小瓶子，里面插上独枝。以窗外的绿色为背景，独枝的小花也显得很漂亮。

创意 窗框或壁板为背景

大阪 /F 女士

自己动手构建绿色一角

自己手工制作了西洋风的窗户。没有使用玻璃而是用的亚克力板。墙壁涂成了蓝灰色，主要表现绿植和雅致的干花。

背景的壁板还能增加纵深感，可以进行立体化的装饰。

利用木板之间的缝隙，挂起了很时尚的挂件。也可以挂一些藤蔓类植物或者盆栽，也会很好看。

用壁板做遮挡，获得了适合绿植的空间
创意

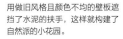

用做旧风格且颜色不均的壁板遮挡了水泥的扶手，这样就构建了自然派的小花园。

在有限的空间里，
想让绿植更显可爱，
就要看怎么搭配杂货了。

R 女士家的门廊被小杂货和绿植装饰地特别漂亮。一开始改造的时候，混凝土的扶手特别冰冷，着实让人烦恼。"用了很多装土豆的木板箱也没法把墙壁完全遮住。想要自己做一块壁板遮挡，但又不会木工……"

即便如此，R 女士也没有放弃拥有一个西洋复古风格的小花园。最终无意间在园艺商店"绿色杂货屋"（98-99 页有介绍）找到了松木材质的壁板。

当时已经自己组装了几块板子，但看到这块松木板后还是义无反顾地买了下来。安装好后，"空间氛围一下子就变了。有个好背景，绿植和各种物件也被衬托了出来。"

🏠 大阪 /R 女士

装上壁板，
门廊焕然一新。
构成一个质朴的小花园。

创意 以手工制作的黑板为背景，增添了玩乐的情趣

🏠 广岛县 /B 女士

模仿了最喜欢的咖啡店的装饰风格

1 在塑料板上涂抹黑板的涂料，在平均十元一个的椅子上面罩上东西，就成了铝制的舞台。2 马口铁容器的旁边放上迷你的小桶和扫把等杂货。这是坂村女士很擅长的故事性装饰风格。3 繁茂的绿叶后方藏着浮雕的英文字母。

创意 壁板用绿植装饰，还能遮挡住晾晒的衣物

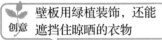

创意 从厨房可以看到的阳台，也是个迷你花园

🏠 神奈川县 /T 女士

做饭的时候还能欣赏绿植，真是倍感幸福

厨房的小门延伸出去是个阳台，俨然是个迷你小花园。"打开门的时候，会飘来阵阵花香。"

创意 百叶窗风格的护栏是手工制作

🏠 山口县 /S 女士

为了衬托植物，都涂装成白色

阳台的护栏是手工制作的百叶窗风格。"为了能衬托绿植，都涂成了白色。"

🏠 大阪 /F 女士

法式风格的花园
还可以掩盖生活的杂乱

种花的盒子与壁板是一体的，和绿植搭配很有田园风格，还能掩盖里面晾晒的衣物。

卫生间

🏠 熊本县 /S 女士

绿植是室内装饰的清新剂!
它可进一步增强
卫生间的清新感。

1 在阶梯型的花器里插上白色的木香花,让卫生间也有了点华丽的感觉。2 卫生间的窗台上,放上托盘种植绿植。"在有水的地方装饰一些小叶的植物。柔美的氛围让人能松口气。很适合卫生间的氛围。"

照明选择了水晶灯,虽然卫生间空间不大,但也体现出了情调。预备的厕纸放在面包箱里。

厕所和盥洗室也是居室空间的延伸。
可以尽情地用杂货和绿植来装饰。

小窗台上摆放绿植,台面的架子上用人造藤蔓类绿植装饰。这样显得更干净些。

用纯白色的瓷砖铺起来的台面搭配白色陶瓷的洗手盆。下面柜子的门用环保的松木材料。仅是这样,卫生间就显得特别干净整洁。让人感觉到清新的还是白色和蓝色搭配的杂货。

"我很喜欢小杂货,视线所及之处有些小杂货就会使心情愉悦。"

卫生间当然也是清爽干净,很有度假酒店的感觉。

"我是会尽情地去进行装饰的。即便是卫生间,也想营造时尚的空间氛围。不想让人看到的扫除用具都藏在了柜子里。"

从庭院里摘来的绿植是杉尾女士进行室内装饰不可缺的部分。卫生间也是居室空间的延伸,所以为了能够居住得舒适,这些地方也要尽量装饰得漂亮。

创意 复古的瓶子
有节奏地摆放

三重县 /Z 女士

水槽边上用绿植
和干花形成迷你景观。

洗手盆的旁边，Z 女士会选择自己
喜欢的小杂货进行装饰。1 旧材料的
上面放上复古的陶制瓶子。根据高
度进行摆放。只有一个插上花，这
是摆出平衡感的技巧所在。2 插着纽
扣藤的小瓶子，是清凉饮料水的小
瓶，上面贴上了标签。3 马赛克瓷砖
都会用小苏打仔细清理，搭配绿植
显得更加整洁。

大分县 /S 女士

花朵和叶子
成为白色调卫生间的亮色

1 "因为想要每天使用卫生间都心情
愉快，所以零碎的物件都放在了收
纳容器里。"比如，美发用品或者
化妆棉都放到有盖子的盒子里或者
搪瓷容器里。2 水槽上方的架子上，
用迷你玻璃瓶插上干花。3 白色瓶子
放洗涤剂、柔顺剂，这样更加衬托
出绿色，强调出窗边的清凉感。

创意 放洗涤剂的容器 + 花盆，
清爽的感觉倍增

玄关

用绿植让来访的客人们精神焕发

创意

小型的室内树木
可以成为玄关的亮点

蕾丝编织的手提袋里放上人造花。高度和桉树以及儿童烫衣架的高度搭配得特别好。

1

2

1 以带波纹的玻璃为背景，摆放带盖子的铁罐子，搭配秘鲁百合。2 玄关入口处，放上搪瓷的儿童斗柜和迷你盆栽，形成充满乐趣的一角。

🏠 福冈县 / Z 女士

玄关弄得热闹些，
每次打开门都会感觉精力充沛

　　"骑着自行车在家附近转转，让肌肤感受一下春风和旭日，心情就会特别好。"

　　终于度过了只能窝在家里的冬天，Z 女士会出门到周围的杂货店去转转。在挑选杂货的时候也能从店里获得装饰的灵感。结婚二十多年的 Z 女士，经过三次跳槽后，最终拥有了属于自己的家，终于可以在自己的家里大显身手了。

　　"糖果色的小杂货放在光线充足的地方，就会让室内空间一下子有了春天的气息。"

　　绿植与色彩明快的杂货搭配起来效果很好。只要自然地放在玄关，就能让气氛一下子变得华美起来。打开门的瞬间，疲惫一天的家人在这样明快的氛围中，也会一下子变得精神焕发。

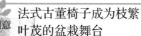

创意 铁栅栏和椅子构成
田园风格的趣味

🏠 长崎县 /H 女士

颜色鲜艳的衬布和绿植搭配
的组合非常好看

1 放在磅秤上的盆栽是长势喜人的藤蔓类植物，以衬布为背景，看起来愈发鲜嫩动人。
2 青翠的薄荷叶子感觉还是需要古旧的质感的背景来衬托，于是 H 女士捡回了这个很有感觉的铁栅栏。

创意 法式古董椅子成为枝繁
叶茂的盆栽舞台

🏠 东京 /M 女士

华美又不想太过分
就需要添加一些甜美的
要素

自己家里开了法式古董店"Tender Cuddle"的 M 女士，家里玄关进行了这样的装饰。放了多个花器，就好像是屋外庭院的延伸。运用椅子体现出高低差。

创意 添加历经风雨的
古旧标识牌

创意 装饰用的椅子和桌子
大胆放到玄关

🏠 埼玉县 /W 女士

使用乡村风工艺品

🏠 福冈县 /Z 女士

角落的布置
是每天的幸福所在

玄关的一侧放上装饰用的桌子和椅子。但是上面并不摆放太多绿植和物件，而只在周围的墙壁和收纳柜上多多装饰，这是流行的装饰手法。

尖顶屋檐的玄关用印花蕾丝和标志牌来装饰显得分外可爱。1 花园标识融入花与绿色之中，确实下了一番心思。2 邮箱的下面是种花的方形箱子，迎接大家的到来。

51

墙壁

死角处的墙面为画布
装饰花朵与绿叶

 创意 灯里面用花朵点亮

在杂货店"老朋友"里购买的灯具,里面放上了人造的玫瑰花。

创意 与小鸟的造型
搭配的设计

重新涂装的墙壁上,使用了蜡烛型的灯具,蓝色的小鸟好像在啄食绿叶。

以新娘的头饰为灵感　创意

墙面上,以新娘的头饰为灵感,装饰上了自己比较喜欢的铁架子。并且大量装饰上了绿植,形成了很精致的一角。

🏠 埼玉县 /L 女士

简洁的白色铁架子,
非常能衬托绿植,是我的中意之物

采访的时候,L 女士家里正在为女儿筹备婚礼,家里充满了新娘出嫁的气息。

"我和女儿平常沟通很多,很多事情都是我们两个一起完成的。女儿出嫁,感觉自己少了左膀右臂,真是非常的寂寞。"

作为要嫁女儿的妈妈,一边帮女儿挑选结婚仪式的场所,一边看着婚纱忍不住伤感,就这样在不断的刺激中,寻找到新的灵感。"结婚仪式的场地有时候会看到漂亮的装饰。"于是在玄关的入口处,用松柏做了造型。客厅里是带着庄重感的欧洲教堂风格装饰,用简洁的蕾丝和白色的杂货进行装饰。

"绿植和花的搭配也受到一些影响,做了改变。这次也让我切实感受到,我的生活环境能反映出我的心情和生活理念。"

创意 枝条上挂干花和小鸟造型

🏠 静冈县 /L 女士

搪瓷罐配绿植
很适合厨房装饰

在古旧的瓶子里插上带红色果实的枝条。要想在厨房的墙面上形成一个小绿洲，可以将一些壶类的物件挂起来。

🏠 埼玉县 /G 女士

选的好像都是山中别墅感
觉的装饰

G 女士说："干花装饰起来很容易，是方便的物件。"墙面如果感觉缺点什么，无造作地加上点干花，效果就很好。墙面上的枝条是捡回来的。

从卖杂货和绿植的商店"绿色杂货屋"（98~99页有介绍）里买来的壁板放在室内用。迷你绿植并排摆放的架子和自己做的铁丝小物件都装饰在上面。

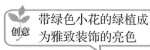

创意 带绿色小花的绿植成为雅致装饰的亮色

创意 复古的蓝色壁板可进行自由发挥

🏠 大阪 /R 女士

根据季节
在更换绿植的同时
改变墙壁的格调

🏠 福冈县 /H 女士

壁炉风格的架子
构建西洋复古的情调

在白色系装饰风格的墙壁上，用绿色系的洋菊作为亮点色，整体感觉就是西洋复古的情调。水罐里溢出来的繁茂增添了绿植的存在感。

顶 棚

向上看的时候
有扩展视野的效果

 创意　顶棚上用大量干花装饰
就很有山庄的感觉

🏠 茨城县 /J 女士

自然派的餐厅
用干花体现出成熟的味道

餐厅里充满木质的温暖感，整体氛围
自然，顶棚上集中装饰了很多干花。
用锁链把树枝挂在大梁和柱子上，然
后装饰上干花。

创意　阳台的顶棚上也大胆用
铁丝吊起装饰

创意　干燥的植物分散放
在篮子里

🏠 山梨县 /D 女士

薰衣草的干花吊起来，
就构成了西洋复古风的厨房。

🏠 东京 /Z 女士

阳台小屋是第二客厅
向上看的时候，干花的背景是蓝天。

《佐藤贵予美的法式格调 DIY 室内装饰》的作者 Z 女士，将阳台
装饰成了小屋的样子。绿植混合使用了人造花和鲜花。

在改造新居的时候，脑子里想的都是 20 多岁的时候居住过的美
国人的家。特别中意的大横梁上，用篮子装上薰衣草的干花，吊
在上面。

🏠 **冲绳县 /Z 女士**

人造的常春藤装饰在电线上，成为顶棚的亮点

顶棚上垂下来的电线并不就那么裸露着，用人造绿植缠绕在上面，显得很吸引人。色调比较质朴，是 BROCANTE 的风格，用绿色作为房间的亮点色。

🌱 创意　照明器具上缠绕的装饰

🏠 **大阪 /F 女士**

干花和水晶的雅致趣味

将玄关照明上原本带的装饰拿掉一部分，用干花和水晶进行了再装饰，体现出成熟的韵味。是推荐秋天使用的装饰方法。

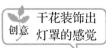

🌱 创意　干花装饰出灯罩的感觉

🏠 **福冈县 /S 女士**

颜色不那么鲜艳的叶子形成旧货店的装饰风格

已经有些泛黄的干花搭配一些人造绿植，这样的灯罩可以用上一整年。不那么鲜艳的颜色很适合旧货店风格的家装。

杂货店里获得的灵感

一般杂货店里的商品都经过精心的布置，当然顶棚上也都是创意。

🏠 **兵库县 /Footpath 女士**

利用木框让空间体现出动感。

木框从顶棚上挂下来，大大小小的盆栽摆放在上面进行装饰。常春藤等能垂下来的植物，可以让空间产生动感，带着流动的效果。木框顶端还可放干花。

🌱 创意　梯子也可以挂起来

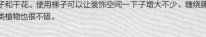

🌱 创意　吊起的木框让顶棚上多了个相框！

🏠 **京都 /F 女士**

梯子上可以尽情装饰

大胆地在顶棚的大梁上挂起自己手工制作的梯子。上面再挂上篮子和干花。使用梯子可以让装饰空间一下子增大不少。缠绕藤蔓类植物也很不错。

贯通

如果是编得比较细的篮子，就可以使用这样的技巧。将枝条穿过网眼，注意把握平衡，枝条不能滑脱。

用独枝装饰就很有画面感，"插单枝"的技巧

对一枝绿植的装饰有时候会担心会不会太过单调。这里介绍利用藤蔓类植物让独枝也能很漂亮的技巧。

挂起

试管形状的玻璃瓶如果想吊起来做装饰，钩子一定要选漂亮些的。防止瓶子被墙壁白色混淆。

选带商标的瓶子

陶制的瓶子当作花器的时候，尽量选带商标的。如果瓶子太抢眼，那么枝条可以弄得尽量长一些。

穿上衣服

试管一样的小瓶子一般都是吊起来用。还可以进一步给瓶子弄个套子，以增加存在感。

垂下去

空瓶子当作花器的时候，可以插藤蔓类植物，让植物垂下去的长度超过瓶子的高度。这样就很有画面感。可以将植物用胶带固定在瓶子内侧。

选择有高度的瓶子

这种手法适合搭配繁茂的花或很有形式感的枝条。花器尽量选择造型简洁的。

枝条即便很短，也可以搭配有高度的花器，可以挂在瓶口，这样会显得比实际大小要大很多。

Chapter 3

搭配绿植效果倍增的
小杂货推荐

玻璃容器・篮子・鸟笼・马口铁制品・厨房用品・木质小件・水罐・喷壶・夜壶

梯子・铁架・椅子・相框・展示盒

想要让绿植显得更漂亮，
需要作为背景的物件来衬托。
这里介绍我们熟悉的小杂货进行搭配的方法，
以及一些让人意想不到的小东西带来的创意。
用这些东西稍微搭配点绿植，
就会有想不到的效果。
看着很普通的东西，
都能展示出全新的面貌。

玻璃容器

glassware

只是使用玻璃瓶子还不能体现出画面感。
加上一些颜色，玻璃瓶子也有成为主角的可能性。

1

2

 玻璃瓶子放在蕾丝上，
创意 **优雅感和存在感都倍增**

作为杂货，小玻璃瓶一直非常受欢迎。稍微再加
点要素，就能让效果更加丰富。1 没有颜色的玻
璃瓶和任何颜色搭配都很不错。这里搭配了独枝
的翡翠珠。2 琥珀色的瓶子下面垫上原色的垫布，
体现出了古典主义的感觉。

试管类型的花器
创意 可以用来做藤蔓类的水栽培

试管类型的花器适合插纤细的藤蔓类植物或者单枝的花。1在带托架的试管里放上纽扣藤。稍微有点实验室的感觉。2放上常春藤体量感爆棚。即便一根试管只插一根也很华美。

1和2试管搭配可以自由移动的架子，这种花器是法国设计师Tsé&Tsé associées 的作品，以四月的花器为主题。可以拐出角度，形成动感，非常别致。

四月的花器

一对并排摆放
创意 可以倾斜来插

吹塑成型的玻璃瓶

放到模子里的高热玻璃材料，通过匠人往里面吹气而成型的吹塑玻璃，因为生产的人越来越少，现在也成了工艺品。因为厚度特殊，形成的阴影非常有味道。

短茎植物适合带
创意 颜色的玻璃瓶

剪得比较短的枝条可以放在小瓶子里发挥生命最后的余热。如果是药瓶子类型的瓶子，不需要什么技巧也显得很有味道。

1深绿色的墨水瓶与野花非常搭配。2用过的果汁或者牛奶瓶，可以插长茎的绿植，强调出纵线。

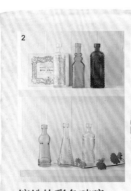

推荐的物件

缤纷的彩色玻璃
非常受欢迎
因为玻璃是透明的，即便五彩缤纷也不会显得过于扎眼。以白色墙壁为背景，或者摆放在窗边，颜色和形态都能成为一景。

1古典主义的插单枝手法。为烘托氛围，建议就插一枝端庄的玫瑰。2将颜色和形状都不一样的玻璃瓶摆放在一起。用常春藤做装饰。3想要突出比较小的玻璃瓶子，或者想要增加高度的时候，可以将书本垫在下面。

篮子

将花盆都挤在一起，体现出密集种植的感觉。
这里运用的是非常好搭配的篮子。

🌿 **创意** 全都挤到一边
的方式

长方形的篮子，稳定感比较强，里面放盆栽非常合适。
只在一边摆放盆栽很有清爽感。

🌿 **创意** 觉得体量感不足时
可以追加小物件

🌿 **创意** 长茎的绿植可以倒过来，
它也是漂亮的花篮

橄榄枝和桉树枝等剪下的枝条可以直接
放到篮子里，还可以搭配一些干花。

盆栽之外再放一些其他小物件的技巧。除玻
璃瓶子之外，还可以放花园指示牌和其他工
具，搭配起来都不错。这里垫上了英文报纸，
又加了点小装饰。

 创意 以篮子为舞台

1 容器型的篮子加上花型蕾丝，尽显自然的感觉。2 硬朗的铁制品成为玻璃花器和书本的基础。

 创意 可以当作花盆套

1 放小物件的篮子，可以当作花盆套来用。2 收纳用的盒子铺上英文报纸，形成密集种植的效果。

推荐的物件

带横条装饰的篮子
注意色彩平衡

带淡蓝色横条的篮子，用蓝色系的紫阳花干花装饰，形成清爽的色彩搭配。再搭配同色系的衬布更加强调出主色。

 创意 展示干花 兼做收纳

各种干花装饰得满满的，是非常华美的风格。铁质篮子则给人质朴的感觉。

鸟笼
birdcage

随着旧货店风格的流行，鸟笼也再次爆发出热度。
发挥玩乐心，构建立体全景。

 与小鸟造型相结合的
创意 **立体全景**

如果是比较大的鸟笼，做成立体全景装饰，就会
很有冲击力。可以放上小鸟造型，尽量营造热闹
的氛围。也可以吊起来，放在那里让人仔细观赏
就很好了。绕上一圈装饰叶子也是不错的创意。

 不放鸟的造型
创意 **而放青苔**

简单地放入青苔，就很有雅致漂亮的感
觉。一整块青苔放进去就不错。

🌿 **放置或者吊起**
创意 **效果都很好**

深沉的金属质感与木莲或者欧活血丹这类柔和的绿植搭配。挂在窗边还有利于植物的生长。

🌿 创意 **小果酱瓶提升情调**

Bonne Maman 的迷你果酱瓶，可以放入小型的鸟笼中，很是方便。纽扣藤可以增加蓬松感。

🌿 **大胆使用鲜艳**
创意 **的颜色**

以墙壁为背景，红醋栗带着光泽的红色非常醒目。如果是冬天，也可以用南天竹等。如果装饰使用的绿植品种比较少，就要选择装饰性强的。

推荐的物件

以鸟巢为灵感的物件

挂起来的篮子进行了鸟巢风格的搭配设计。放上藤蔓类绿植就很有鸟巢的效果，青苔也是不错的选择。挂在玄关等的外墙上效果也很不错。

鸟笼里放什么东西
会很大程度影响最终效果
这也是鸟笼的魅力所在

拥有一个鸟笼就可以变化出各种装饰。1 放入盆栽很有自然的感觉。2 放入杂货，鸟笼就成了效果不错的装饰舞台。可以根据季节和心情来使用，想更新室内氛围的时候，这是很方便的道具。

马口铁制品

tin item

在田园派的装饰风格中，马口铁是非常受欢迎的物品。
根据具体的搭配方式，也能营造雅致的感觉。

🌿 **如今最受欢迎的马口铁制品**
创意 **都是带水龙头的**

马口铁的花盆上装饰水龙头或者花洒的设计，相
当于再现了花园里浇水的场景。也可以装到墙
壁上的，在阳台或者屋外使用非常有效果。

🌿 **叶子和方盒子的色调**
创意 **形成搭配**

暗沉的马口铁质感与深绿色的绿植搭配
就很有成熟的感觉。这里是搭配了繁茂
的灰绿冷水花。

创意 种植香草类植物
让厨房变成田园风格

虽然不能直接种在地里，但用大号篮子或者桶也能构建出
迷你花园。种植一些可以做菜用的香草类植物看起来真的
很漂亮。

创意 推荐吊起来或者放在
架子上

房子形状或者王冠形状
的花盆套，可以吊起来
或者放在书架上，都很
有画面感。可以缠绕藤
蔓类植物，效果很漂亮。

创意 和园艺用品搭配
搬运起来也很方便

因为锈迹也是一种味道，所以马口铁的杯子放到室外来用是
很推荐的手法。可以涂成自己喜欢的颜色。

创意 大号的马口铁盒子打造
立体全景装饰

将园艺用品或者小杂货都一起放到花盆里，就形成了迷你的
小花园。这是在室内也能欣赏到花园之美的一个小方法。

推荐
的物件

**铁制品最好挑选复
古风格的设计**

很多铁质的装饰物件
都会迎合复古的风
格，弄成做旧的设计，
这类物品与绿植的搭
配效果非常好。使用
过程中会大幅提升复
古情调。

65

厨房用品

kitchenware

模拟古旧的厨房用具制作的复古风杂货，
将厨房用品变成花器。

🌱 **创意** 用旧了的锅
变成花盆

缺角有磕碰的锅，可以当作花盆进行再
利用。还可以搭配奶锅或者搪瓷罐都很
可爱。

厨房香草

意大利欧芹、薄荷、鼠尾草、
欧芹香草类植物的叶子形状非
常可爱，很多也都比较好养。
在厨房一角种植这些，做菜的
时候还可以随时取用。

🌱 **创意** 用碗装饰厨房绿植特别合适

碗、马克杯、水罐等，搪瓷类的制品作为花器很合适。大口的碗可以用来种植香草类植物。

🌱 **创意** 有孔的漏勺也可以当作花器

在复古的漏勺上插上剪得比较短的花草形成很新颖的
装饰。放上气生植物会非常漂亮。

🌱 **创意** 松饼型的模子里正好
放球根

松饼模子的托盘放球根类植物特别合
适。可以跟蜡烛等其他小杂货摆在一起，
体现季节感。

木质小家具
small wooden furniture

如果选择木质小家具作为绿植的舞台，
推荐使用分格子的木质小家具。

活板铅字格是活板印刷的时候收纳一个一个字的小抽屉，是英国的古董。大小和分割方式都多种多样，可以当作百宝格来用。

🍃 创意 **留白可以衬托花器**

在很小的瓶子里插上单枝的花朵，在有限的小空间内，获得了良好的平衡。也可以用墨水瓶来代替。

🍃 创意 **活板铅字格的提手缠绕绿植**

爱之蔓的叶子排列非常有意思。缠绕在家具或者小物件上，会形成独特的线条。偏深的绿色也非常好看。

🍃 创意 **小抽屉也是装饰的舞台**

将抽屉拉出来，就好像是卖花器商店那样的格调。放手工艺道具的斗柜还可以放上线轴等来装饰。

🍃 创意 **带格子的木箱当花器**

非常迷你的小多肉植物，可以用带格子的小盒子来装，并排装上几个，感觉比较规整，做装饰也方便。

水罐

细高的水罐子也是搭配绿植的基础物件。
特别是想要体现出高度的时候推荐使用。

创意 绿植与水罐的颜色统一

1 白色的陶土水罐搭配银色系的叶子，整体给人雅致的感觉。2 生锈的马口铁制品搭配桉树枝的干花，也很雅致。

创意 技巧是让花朵靠在出水口的槽里

水罐的倒水口槽正好可以让枝叶靠上去。因为很自然就能出造型，推荐初学者尝试一下。

创意 在椅子上摆放或者放在地上提升存在感

比较大号的水罐可以像西方家庭那样，用花装饰得繁茂一些，有些体量感。用高脚凳的话，还能进一步提升高度。

粉色的水罐带着成熟的可爱感

推荐的物件

1 非常女性化的波点水罐配上同样粉色系的玫瑰，甜美感爆棚。2 灰绿色调子的桉树叶搭配粉色水罐，可以让甜美感略有缓和，让甜美中带着成熟气息。

喷壶
watering can

不管是室内还是室外，都非常有画面感的洒水壶。
历经风雨锈迹斑驳的质感更显田园风范。

 🌿**创意** 除了能作为花盆套
也能直接当花器来用。

> 垂下去
> 立起来

🌿**创意** 利用壶嘴的长度
更容易获得平衡

1 将纽扣藤的花盆直接放进去。这样就在室内一角增加了野趣。2 形状很有稳定感，如果是比较长的枝条，立起来放，就很有存在感。3 和桉树枝一起，放到篮子里，看起来像一个玩具箱一样。

里面放上小玻璃器皿，即便是马口铁的，也不用担心漏水。可以发挥洒水壶的质感，搭配可爱的小花非常合适。

 # 夜壶
chamber pot

碗形的夜壶中复古的座便型
因为口很大，适合当作花盆套。

 🌿**创意** 因为口很大
里面放花盆很方便

现在看来这夜壶的形状用途广泛，所以很受欢迎。像水罐一样有把手，也是令它用起来很方便。1 利用搪瓷制品清洁的感觉，可以放在家里有水的地方。2 漂亮的图案让普通的常春藤显得很优雅。

古典家具
antique furniture

那些带着时间的痕迹的古董家具以及设计成复古风格的家具，和绿植搭配起来都很合适。
攀登架、烫衣架还有椅子，用来摆放盆栽和花器都很有画面感。

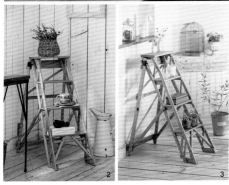

🌱 **木箱、篮子、盛水的花器**
创意 放在比较开阔的最上一层

1 木箱放在最上一层，盆栽放在下面几层，摆放时注意平衡。
2 和 3 通过高低差，提升了迷你绿植的存在感，很引人注目。

攀登架
step ladder

可以把攀登架当成花架，用来当作绿植的舞台。

🌱 **玄关里摆放绿植时**
创意 空间效果很好

梯子的台阶上摆放鞋子和盆栽，这样就迎合了玄关的主题。

烫衣架
iron table

放上绿植

这样不烫衣服的时候也可以摆放出来。

因为便于移动，
可以把烫衣架
创意 放在采光好的地方

🌿 **创意** 摆放迎接客人的花

在招待客人的时候，可以作为辅助当桌子来用。上面摆放鲜花，感觉还是挺特别的。

可以作为园艺用操作台，放上给叶子喷水的喷壶，挂上摘花时候用的篮子。

🌿 **创意** 搭配蕾丝体现
优雅的感觉

把能够覆盖烫衣架中央部分大小的蕾丝垫布铺在上面。因为是圆形，下垂的感觉也很优雅。

椅子
chair

小号的椅子上稍微装饰点绿植的效果很好。

🌿 **创意** 即便不是木质的也很推荐

🌿 **创意** 儿童椅和绿植也很搭配

如果需要一个花盆架，可以尝试一下儿童椅。高度适中，整体看起来很可爱。

1 在很有度假酒店感觉的藤编椅子上放上茂盛的绿植。很有西洋复古风。2 室内使用园艺椅子，放上花瓶，成为花朵的舞台。朴素的质感也很新颖。

第二部分

为了彰显自己的品位整理的
最新版必备杂货

相框
frame

画框、相框还有木头框,
只要有一个框子,便可以形成漂亮的装饰!

🌿 **即便是很小的画框**
创意 也很有画面感

只要将绿植收在画框里面,即便是院子里不起眼的小花,也能显得很特别,装饰用的框子用起来特别方便。

🌿 **和盆栽搭配形成**
创意 立体装饰

1 蓝色的花盆搭配有些斑驳的框子。2 如果想要效果自然,就选白色的框子,形成立体的绘画风格。

🌿 **使用相框,可以放在里面,**
创意 挂在上面或者夹起来

1 蕾丝装饰在一角增加一些变化。鲜花选择了巧克力秋英,体现出复古的感觉。2 在相框里夹上花朵标本。形成植物艺术画的感觉。3 鞋子型的墙壁挂袋搭配玫瑰干花,很有绘画的感觉,是很能让人品味的一种组合。

保护比较容易碰坏的干花
创意 兼收纳作用

1 由于可以防止灰尘，封入玻璃箱子里也是装饰中很受欢迎的手法。2 和 3 玻璃柜门的柜子里摆放花环和干花，也是一种展示收藏品的手法。

做工精致的展示盒
创意 提升存在感

展示盒
showcase

既可以展示收藏又可以兼收纳的展示盒，
在透亮的玻璃中更显绿植的鲜嫩。

创意 与小杂货搭配的迷你景观

1 与迷你小房子搭配，放一棵绿植好像是院子里种的树。让空间里有了动感。2 很小的杯子里面种上多肉植物，形成迷你温室的效果。

爬上藤蔓

医疗柜上放上藤蔓类植物垂下来，这样就让家具笔直的感觉柔和了很多。白色和绿植形成了不错的对比。

1 和绿植一起放入杂货，就很有商店橱窗的感觉。2 设计好的干花造型放进去，就好像博物馆陈列一样。

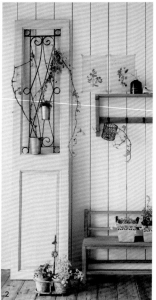

01 环状挂钩

1 在厨房里可以用于晾晒辣椒和摆放香草类植物。可以用铁丝和铝制的夹子自制。2 可以挂试管的挂钩搭配试管插上独枝。还可以尝试把手头的小瓶子挂在上面。

02 建筑部件

1 玻璃窗户的框子可以当梯子来用，构成了很有特色的一角。2 贴纸的装饰窗户上挂上绿植。单个窗户就很好看，可以成为很棒的绿植舞台。3 在门板上挂上小花环，搭配穿衣镜，形成立体装饰。

装饰出个性的 **18** 个物件

最后要介绍的是乍看起来跟绿植没什么关系，
但搭配装饰起来意外地很有画面感的物件。
你的身边是不是也有这样的物件呢？

03 百叶门

百叶门的叶片上可以挂各种东西。利用挂钩挂东西或者用衣架缠绕上藤蔓类植物。再搭配上蕾丝或者拉绳的挂件，就成了非常漂亮的一角。

04 藤编提包

1 干花或者人造花的装饰一般都可以使用藤编提包。2 比较小的钱包形藤编挎包可以密集种植多肉。编织比较细密的，也不会漏土，编织比较粗的可以铺上垫布或种植用的小石头防止漏土。

06 高脚托盘

想要让摆放的东西显得更优雅，用复古的托盘就对了，首先可以尝试摆放干花的高脚托盘，还可以用吸水海绵进行迷你的鲜花装饰，用来招待客人很不错。

05 架子的固定托

支撑墙壁架子的固定托板也可以用来挂装饰。
1 利用固定托板本身漂亮的设计直接挂上干花，方便，效果又好。
2 窗户周围的装饰固定托板还是挺方便的。

07 杯托

以前放洗涤剂的搪瓷杯子和杯托，也可以拿下来种植绿植或者摆放花朵。如果是挂在墙上，也可以搭配一些下垂的藤蔓类植物。

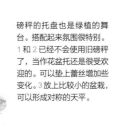

磅秤的托盘也是绿植的舞台。搭配起来氛围很特别。
1 和 2 已经不会使用旧磅秤了，当作花盆托还是很受欢迎的。可以垫上蕾丝增加些变化。3 放上比较小的盆栽，可以形成对称的天平。

08 磅秤

09 纸张

1和2用防水性强的蜡纸垫好筐子，可以防止弄脏外面，还能让外观变漂亮。根据纸张的图案还能体现不同的感觉。3涂过蜡的纸袋放上绿植也很有画面感。

10 把手·门栓

1和2厨房的碗柜或者窗户的把手也可以装饰绿植，效果很不错。晾干的香草类植物还有大蒜等，做饭用到的东西，挂在这些地方都很好。

11 洗脸盆架

有一定高度的洗脸盆架也是非常受欢迎的花器。可以直接种在洗脸盆里，也可以盆里放上水养育水草。

12 首饰盒

干花与复古风格的杂货非常搭配。将首饰盒的盖子打开，营造商店感觉的装饰。

13 墙壁架

这是在西方国家经常用在屋外的架子，我们也可以放到屋里用，很有新鲜感。白色的铁质架子给人轻快的感觉。

14 鸡蛋盒

将鸡蛋的黄和清都取出来，留下蛋壳来做装饰。纸质的鸡蛋盒搭配插上绿植的小玻璃瓶也很好看。

15 日式餐具

日式餐具插上一枝野花也有各种风情。质朴的陶土很有味道。尽量装饰得简洁一些。

16 食物的包装

带着漂亮图案的食物包装，可以二次利用当作花盆套。与 POP 感十足的物件搭配，就能形成引人注目的一角。

18 卡片夹

17 假书

可以收纳小物件的假书是很受欢迎的装饰物。搭配干花显得很优雅。放上小瓶子再插上绿植也不错。

1 除了夹卡片还可以搭配桉树的叶子。顺便可以将叶子干燥，一物二用。2 用人造花装饰墙面的时候，卡片夹也很有用。找好平衡，夹上藤蔓类植物能体现出动感。

77

Chapter 4

推荐好养又好看的植物
室内绿植图鉴

多肉植物

观叶植物

花·果实·树木

你的家里适合什么样
的绿植?

室内装饰杂志里经常出现的室内绿植。
既要养好,又要装饰漂亮,
让人感觉非常高级。
但实际上大半的植物
初学者也能轻松培育。
这里介绍的绿植
基本上是不分四季,全年都能在花鸟市场
买到的。
大家可以从中挑选出自己的第一盆绿植。

多肉植物

多肉植物圆润可爱的样子与马口铁制品非常搭配。
因为很好养，
适合作为初学者的第一盆绿植。

爱之蔓

别名：心蔓、吊金钱

茎很细，上面长着 1.5 厘米至 2 厘米大小的心形叶子。看上去不太像多肉植物，但其实在原产地南非，会长得很肉。耐旱能力强，不耐湿，需要不存水的土壤。夏天放在半阴环境，冬天放在明亮的窗边保持 5℃ 以上就行。

翡翠珠

看起来就像藤蔓类植物，但其实是非洲纳米比亚原产的菊科多肉植物。茎很细，像藤蔓一样长，上面长着直径 1 厘米左右的绿色球形叶子。需要日照良好而干燥的环境。冬天在明亮的室内需要保持 5℃ 以上的温度。

心叶球兰

别名：情人球兰

作为多肉植物广为人知，但实际上在亚洲东南部地区是自生的藤蔓类植物。在装饰爱好者中一般使用的都是这种插一片叶子的状态，比较受欢迎。比较耐热，但不耐寒，如果温度低于 5℃ 就会枯萎。

京童子

别名：小西瓜

比翡翠珠的叶子细长，是杏仁的形状。茎可以长到 30-50 厘米左右。喜欢明亮的半阴环境，如果日光不足叶子就会变小，还会纷纷掉落。冬季少浇水，保持干燥的状态。

珊瑚珠、宝扇树、西叶

在装饰爱好者之间流行的景天属植物超过 400 种。珊瑚珠的叶子是一小粒一小粒的，颜色和形状都很像葡萄。宝扇树也叫宝树、宝寿或宝珠。颜色是可爱的祖母绿。西叶可以作为亮点色进行密集种植。

景天属多肉

这个是景天科景天属所有植物的总称。叶子的形状、颜色、原产地都各不相同，品种繁多，不同品种的耐寒性也不一样。购买的时候一定要咨询一下培育方式。大概可以分为日本原产的品种与进口品种，大家比较喜欢的一般是后者。

长寿花

别名：寿星花

一般都是盆栽，叶子非常特别，惹人喜爱的多肉植物。长寿花是景天科植物。又大又厚的叶子还长着毛茸茸的毛，还有月兔耳造型很有名。相似的品种还有熊童子，带黑边。

圆扇八宝

别名：金钱掌

景天科的多年生草本植物。日本从很久以前就将其当作观赏植物，在庭院里栽或盆栽，是大家都很熟悉的一种多肉植物。茎从根部分枝，可以达到 30 厘米长。叶子是带白色的银绿色，有厚度。很耐寒，容易养。

黑法师

别名：紫叶莲花掌

景天科植物。叶子很厚泛着黑光，成放射状展开。是黑色系的植物，密集种植的时候，作为雅致的亮点色很受欢迎。不耐寒，如果日照不好，叶子的颜色会变差，茎也会变细。

密集种植

多肉植物因为形态和颜色都不一样，可以将不同的品种集中种植在一个盆里，这也是养多肉植物的乐趣所在。最初可以先组合 3-5 种尝试一下。布局上可以中央来个高一点的，然后在它旁边放向四周扩散型的，然后再搭配下垂型的。

虹之玉

别名：耳坠草

也是景天属的一种。也被称作圣诞的招待。红色的叶子圆润可爱，密集种植时作为亮点非常有效果。喜欢阳光，如果放在背阴处叶子就不会红。类似的品种还有虹之玉锦，绿色还要少一些。

观 叶 植 物

长长的藤蔓，
放在高处或者吊起来
都是非常合适的植物。
很好养也是这类植物的魅力。

黑色三叶草

又叫铁十字酢浆草。最好是在
日照充足的地方养，但夏天应
该移动到通风良好，且比较明
亮的阴影处。和纽扣藤的种植
条件差不多，可以放在一起养，
密集种植的效果不错。

豌豆

藤蔓可以长达50厘米至1米，
是豆科的一两年生草。有其他
藤蔓类植物没有的弯曲须子，
非常可爱。最近在室内绿植以
及花环材料方面，它越来越多
地被人使用。当然果实是可以
吃的。

常春藤

藤蔓会茂盛地生长，是五加科
的常绿藤蔓类矮灌木。别名爬
树藤、三角藤。耐寒又耐热，
在道路的斜面和建筑物的墙面
上都能生长。因为在没有阳光
的背阴处也能生长，所以作为
室内绿植也非常合适。

地锦

五个叶子排成圆形，茎越长越
长，是藤蔓类的常绿多年生草
本植物。具备耐阴性，但还是
需要尽量放在明亮的地方。耐
寒温度是5℃，适合室内栽培，
但不适应急剧的温度变化，使
用空调时需要多注意。

纽扣藤

如果旁边有可以攀附的墙壁就会爬上去的萝藦科植物。茎很细，带着红茶色的光泽，叶子是1厘米左右的卵形，生长茂密，分枝也很频繁，整体显得很繁茂。茎看起来像针，所以日本叫它铁丝藤。很容易就养得很茂盛，但不耐高温和高湿度。

天使泪

原产地是地中海的岛屿，常绿多年生草本植物。很细的茎会沿着地面伸展，3毫米的小叶子密集生长。毯子一样铺地的感觉有点像青苔，别名玲珑冷水花。喜欢向阳的环境，但需要避免直射阳光，不耐干旱。

酸果蔓

杜鹃花科的常绿矮灌木的总称。深红色的果实很可爱，是蔓越莓汁的材料。美国、加拿大的感恩节不能少了它。冬季叶子变成紫色。在室内装饰中，作为很有成熟韵味的亮点色很不错。

龟背竹

在美洲的热带地区分布的南天星科植物。随着成长，叶子边缘到叶脉会断开很深，形成独特的形状。19世纪60年代作为观叶植物传播到世界各地。日本的名字取拉丁文怪物之意。需要避免阳光直射。

绿萝

原产地是所罗门群岛，南天星科植物。叶子是卵形，略厚，表面好像上了蜡一样带着光泽。夏天需要避免阳光直射，但基本上有阳光才能让叶脉鲜明强壮。喜欢高温多湿的环境。

83

花 · 果实
树 木

装点绿植在室内一角中，
当想要紧凑感的时候，
觉得装饰还不够自然的时候，
这些都能发挥作用。
装饰专业人士经常使用的植物都在这里。

含羞草

热带地区大概有 1200 个品种分布的金合欢科植物中。在日本作为含羞草被认知的，其实是贝利氏相思。高 6 厘米左右的常绿小高灌木。本来含羞草指的不是这种植物，在购买的时候要搞清楚。

如果在绿植搭配中需要点颜色，就尝试下这些植物吧

飞燕草

以欧洲为中心分布的多年生草本植物。不太耐受夏天的炎热，开花后就会枯萎，所以在日本通常当作一年生草本植物来养。看起来像滑板的部分实际上是发达的花萼，花朵本身是很小的，反而不引人注目。

薰衣草

分布在地中海沿岸到印度地区的低矮灌木。春天到初夏花茎伸长，先端长出稻穗一样的一朵朵小花。作为香草类植物很受欢迎。将花干燥后可以做香袋。日照不足的时候花就长不好。

铃串花

风信子的同类。秋天种上球根，等到早春时节就会开花，然后花朵凋零叶片枯萎，以球根的状态度过夏天。在采光好的地方可以长得很好，因为颜色适合作为亮点色，推荐装饰在窗边。

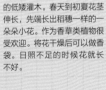

地中海荚蒾

原产地中海沿岸的忍冬科植物。花朵为白色或粉色，非常可爱，果实充满光泽，冬天将带果实的枝条摆放在店面里特别受欢迎。需要不存水的土壤和良好的日照。比较好养，是密集种植时不错的亮点色。

蔷薇

蔷薇科蔷薇属的植物总称。香气袭人，形状美丽，所以自古以来就作为观赏花被广泛栽种，在不断的品种改良中形成了很多品类。不同品种栽培方法不一样，对于初学者来说有些难度，推荐还是在花店购买剪好枝的。

大丽花

菊科大丽花属的多年生草本植物的总称，墨西哥的国花。花朵的形状和牡丹有些类似，所以也被称为天竺牡丹。夏秋季开花，花朵很大，颜色鲜艳。照片里是被称为黑蝶的品种，是很不错的装饰亮点色。

大波斯菊

以墨西哥为中心大概有 20 种野生品种。春天到夏天播种，夏天到秋天就会开花的一年生草本植物。野生品种大概能长到 2-3 米高，一般来说常见的园艺品种是 40 厘米高。叶子很细长，还会分枝，形成羽毛的形状。花色有白色和粉色等。

感觉室内装饰还缺点什么或者有点压抑的时候这些很管用

桉树

作为考拉的粮食而广为人知，最近也成了常见的室内绿植。光照好的环境下可以长得很大，推荐在花鸟市场购入。1 圆叶桉是室内装饰的常用绿植。2 枝条为红色的冈尼桉。3 最近做造型常用的四果棱桉。

爱心榕

室内树木中，最常见的就是爱心榕。喜欢光照好的地方，但夏天还是要避免阳光直射。如果枝叶耷拉下来不精神了，就是日照不足的信号。因为比较容易倒，最好绑上支撑物。

绿色专栏
3

流行的室内树木怎样才能长久不衰，介绍有用的道具

如今室内绿植少不了树木。但是想要把树木养好也不容易，有时总是长得不尽人意。比如，室内空气不流通，还很干燥的话，就容易生虫。这种情况下最好是拿到室外，用花洒给树木做个淋浴，把叶子表面的灰尘都弄干净。为了保持叶子鲜嫩的绿色，还需要适当的施肥。这里介绍一些把树木养好的方便工具。

🏠 福冈县
Z 女士家

1 爱心榕以白墙为背景，成为室内一角的核心。"楼梯处的窗子有阳光照进来，还是在有阳光的环境下叶子更绿。"2 鹅掌藤用陶制的大花盆栽种。"在电器制品比较多的屋子里摆放，就会为空间增加清爽的感觉。"

🏠 大阪 /
S 女士家

美化居室环境
室内装饰高手的推荐！

轻松去除叶子上的污垢

泡状清洁剂，轻松去除附着在叶子上的顽固污垢以及灰尘。不用费力擦拭，就能让叶子恢复自然的光泽。叶子清洁，220ml。

防治病虫害

这是应对范围很广的杀虫杀菌剂。对害虫有速效性和持久性。二斑叶螨、油虫、囊壳病都管用。杀虫喷剂，1000ml。

用这个很方便！
有用的物件

备上这个很有用
让剪枝的花寿命更长

有抑制细菌的成分，可以防止水的腐败，是剪枝花保持新鲜的活力剂。调一次溶剂，之后只要补充水就可以了。花工厂的剪枝延长液，480ml。

不稀释直接使用，马上见效的液体肥料。可以让叶子更加鲜艳。绿萝、龙血树等观叶植物适用。直接使用的花工厂观叶植物用，700ml。

让植物健康成长的肥料

没有奇怪的味道，放在土上就可以的肥料。配合钙质成分，让植物更加茁壮，促进植物生长，让植物颜色鲜艳。钙颗粒，150g。

Chapter 5

用漂亮的绿植装饰迎接客人

布置绿植和花朵营造咖啡聚会的氛围

欢迎来到我家!

在家里招待朋友的咖啡聚会
也少不了绿植的装饰。
为营造自然的空间氛围,
需要对桌面进行布置,
让大家都感觉放松,能愉快交谈。
只要用家里现有的植物
稍微做点搭配,
就能给访客一个惊喜,
方便又管用!

简单又可爱的桌面布置

绿植和小花迎接客人
家里的咖啡聚会

邀请好朋友来玩的特别日子里，
使用一些小杂货，搭配点绿植和小花，
就能营造欢快又舒适的氛围。
好像在家里开了个绿色咖啡店一样。

· 创意 · 卵形的小容器

用破开壳的卵形容器来摆放花朵显得很特别，插好小花，放在盘子一角，可以让盘中的食物显得更美味，放牙签也不错。

将很有圣诞感觉的红色果实编成花环，中间放一个蜡烛便是很好的装饰。造型简洁的LED蜡烛灯和花环搭配，使用更加安全。

· 创意 ·
用花环装点蜡烛

复古风格的锅、陶瓶、盐罐造型的小杂货，作为桌面装饰，吃饭的时候也不会碍手碍脚。用叶子做装饰就很有咖啡店的感觉。

· 创意 ·
厨房用品中的迷你小罐子作为桌面装饰很合适

欢迎来到我家

创意 紫色的玻璃杯
可爱中透着成熟

摆放花朵或者蜡烛的时候，选择紫色系的容器，会让桌面充满成熟魅力。玻璃杯的浮雕图案把植物衬托得更加美丽。

创意 茶杯和盘子用花朵装饰，尽显华美

金色釉彩非常好看的茶杯和盘子，大胆将其搭配花朵。使用的干花是淡粉色渐变的色调，金色成为花朵的镶边，非常华美。

特别的日子里，一般用不上的点心托盘，就变成了蜡烛托盘。再搭配一枝软绵绵的棉花枝，就营造出自然而温暖的冬季风情。

创意 点心托盘搭配树枝

所用果实和法国 Moulin des Loups 的盘子图案所用颜色一致，与蕾丝纸搭配给人很深的印象。餐巾或餐具搭配叶子或花朵绑在一起也不错。

创意 缎带搭配红色果实
绑住蕾丝纸

89

想让客人更加开心

提升招待时的布置品味
所需的技巧

桌面布置
2

使用绿植进行桌面装饰，还有很多方式。
稍微花点心思，就能让客人充满惊喜。

▌创意▐
迷失在动物森林

以熊和刺猬为主题的小物件
搭配一些剪枝的绿植，桌面
上就好像出现了绘本中的森
林，这是孩子们的聚会上适
用的装饰。

▌创意▐
用高脚托盘提升高度
将干花摆出花环的感觉

绿植、花朵还有松果摆放
在蜡烛周围，这样使用复
古的高脚托盘摆放，即便
不编在一起，也很有花环
的感觉，制作方便，效果
也很漂亮。

▌创意▐
用橡子和松果
营造北欧风格的下午茶时间

▌创意▐
牛奶罐的把手上
装饰窗帘绑绳的穗子

插上自带天鹅绒效果的鸡
冠花，红色和绿色搭配形
成圣诞风格。罐子把手上
装饰同色系的窗帘绑绳，
这样罐子本身也显得特别
漂亮。

森林和公园里都可以捡到树
上的果实，用这些果实再现了
在瑞典被称之为 FIKA 的下午
茶时间。 用干花和剪下来的
花搭配常绿树的叶子，增加了
鲜嫩的感觉。

• 创意 •

窗边放上马口铁的盒子
里面进行密集种植

布置好的桌子是靠窗的，
在窗台上进行了密集种植
的装饰，这样就很有咖啡
台的感觉。使用有高低差
的绿植，种在马口铁盒子
里，体现出动感。

木制的托盘搭配高脚杯，
等间距摆放，而植物的摆
放则比较随意。也可以让
某个玻璃杯什么都不放，
这样更能体现出花朵的
美。

• 创意 •

木制托盘上
摆放高脚杯，插上花

• 创意 •

为每个客人分别进行
搭配提升招待品味

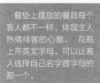

• 创意 • 和搅拌棒搭配
体现咖啡风情

餐垫上摆放的餐具每个
客人都不一样，体现主人
热情待客的心意。 花瓶
上带英文字母，可以让客
人选择自己名字首字母的
那一个。

形状有凹凸的玻璃瓶可以
装搅拌棒，还可以插花，
绿植可以选择和搅拌棒的
形式感差不多的细长造型
的。这样整体感觉更有咖
啡风情。

让家里充满了欢迎朋友的气氛

不同空间的招待装饰技巧

除了放松而舒适的餐饮环境，
还要让最初迎接客人的玄关以及室内墙壁上装饰绿植，
让大家感受到主人的热情。

（ 厨 房 ）

创意

用英文报纸包住花盆

厨房要保持干净整洁，铝制的盆栽用英文报纸包一下。用麻绳代替缎带绑住。

（ 玄 关 ）

最初迎接客人的玄关用清爽的绿植装饰给客人留下深刻印象。鞋柜上方的墙壁上仅用叶子做成花环，挂在铁丝做的格子上。脱鞋的时候视线会朝向脚的方向，脚边放上小凳子或者带文字的花盆，增加绿植装饰。

创意

黑板材质的花盆和小凳子，玄关的脚边也用心装饰。

2

创意 简单的装饰在格子上，体现
迎宾的高品位

1

（ 门 ）

创意

铃铛搭配
单色的干花装饰

一串铃铛用缎带和颜色朴素的淡紫色干花绑在一起挂在门上，开门的时候有好听的声音和漂亮的干花迎接客人。

（ 墙 面 ）

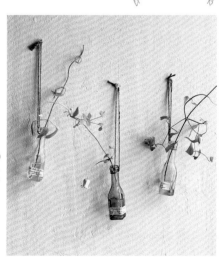

创意

颜色很接近的玻璃瓶

用麻绳吊起来同色系的小瓶子，用麻绳绑住口吊在墙上，形成有节奏的装饰。搭配藤蔓类植物很合适。

桌上摆放着各种甜点，用来迎接客人。座子上摆放绿植和小花，将食物衬托得更加美味。

🏠 福冈县 / Z 女士家

花朵图案、水滴图案还有外国的篮子。
各种图案的装饰搭配绿植和小花，
让餐厅的氛围舒适，还很有咖啡风情。

· 创意 · 花盆放在桌子上
可以用纸包裹一下

Z 女士会"像给绿植选衣服一样，选择颜色鲜艳的花盆或者套子"。

在招待朋友的日子里，会特别选用时髦漂亮的绿植装饰来布置房屋，这是 Z 女士的习惯。带商标、水滴图案的纸袋、国外的篮子等都是她常用的。使用各种图案和材料，让植物显得更加漂亮。这种热情也会传达给来客，每次聚会都很有咖啡风情，让人身心放松，大家都特别开心。用不同颜色和图案做绿植装饰，Z 女士家的方案是不错的参考。

1 红色和白色的水滴图案是杂货店里可爱的购物袋，拿来当成了花盆套。
2 国外的冰激凌杯子当作花盆来用。3 格子图案的蛋糕杯子替花盆托，带商标的纸包裹了花盆。4 在换气扇的上面放上铁丝网的框子，上面固定常春藤垂下来，这样可以掩盖生活感。

可以长时间灵活运用人造花

不久之前，人造花还给人不上档次的感觉。但最近很多人造花的品质都很高，足以乱真。可以代替剪下来的鲜花，成为不错的室内装饰用品。在用鲜花体现鲜嫩质感的同时，也可以利用人造花的优势搭配起来使用，让室内的绿植装饰更加丰富。

摄影 / 落合里美　造型 / 南云久美子
摄影协助 / AWABEES　east side Tokyo Maruke Kobayashi

为衬托花朵
绿色必不可少

除了万紫千红的花朵。其实在人造花方面，光叶子的种类也很多。有银色系的叶子还有各色藤蔓，都很漂亮。光用绿色来做装饰能让氛围更清爽，推荐大家多多尝试。

野花也是
装饰的好材料

有些人造花和鲜花价格差不多，想要体现季节感的时候用这些很方便。比如风信子和含羞草，都做的特别漂亮，可以代表春天。

野花类型的人造花种类繁多，有些是单独一支花，有些是很小一簇花朵带着茎叶。多找一些与花朵匹配的装饰物，这样还能进行大规模的布置。

选择的要点

使用体现季节
感的花朵

选取一种卖相好，
能当主角的

首先选一支卖相好的花，如果室内一角比较单调，放上这样一支花效果就很好。玫瑰花或者毛茛等全年都有鲜花的品种，用起来比较方便又自然。

人造花才能实现的室内装饰手法

做个小小的迎客花环

将一条藤蔓状的玫瑰卷成一个圈。根据花朵和叶子的平衡，缠绕上剪短的三色堇和含羞草。可以用比较细的铁丝来固定，也可以用粘着剂粘上。

灯罩上的装饰

按照制作花环的要领来做，用喜欢的花进行组合，让灯罩上也有藤蔓垂下。造型简洁的灯罩也能根据季节更换装饰风格了。

带铁丝的枝叶适合加工成花环

因为人造花的花茎里面很多都会穿铁丝，可以很方便地弄成圆形做成花环等形状。这是鲜花和干花不具备的便捷性。

根据需要剪短形成漂亮的花束！

可以剪取人造花上想要的部分，作为手工制作的部件，这也是人造花的魅力之处。可以准备一些能剪断粗枝的工具。

用缎带做花朵的挂绳

先做一个小花束，然后拉出一根长长的缎带，将花头剪下来绑在缎带上。如果是蕾丝的缎带，可以将花插到蕾丝的孔里。然后用线绳绑定。也可以用麻绳。

做手工的感觉
将人造花粘上去

用插画的手法将花朵和绿叶搭配在一起，然后用粘着剂固定在一起。可以先在画框上粘上双面胶，临时固定一下，这样比较容易把握布局平衡。

很喜欢玻璃制品和
单色的明信片构成
雅致的室内一角。

参观装饰高手的家

人造花其实是室内杂货的一种拓展品。
在单色的空间里，用花朵的颜色搭配出不同的风情
还可以成为室内一角的亮色，非常好用。

　　B女士的家里被紫色、白色、绿色的紫阳花人造花装点得分外漂亮。
统一为白色的室内空间里整洁干净，人造花成为很好的亮点色。

　　奢侈地使用很多大朵的人造紫阳花来装饰，可以摆放很久。人造花的
种类也很繁多，想要配色但找不到颜色合适的杂货时，人造花就是很方便
的选择。

　　"我比较喜欢颜色淡雅而精致的小杂货，干花可以一直保持干净漂亮，
可以将杂货衬托得更漂亮，是我进行室内装饰的好帮手。"

　　B女士还觉得，人造花可以像杂货一样装饰在墙壁上，或者放在台面
上，用起来非常自由，很有乐趣。

白色和绿色搭配，形成清爽而自
然的氛围。很多玻璃制品摆放在
一起，体现出不同的风情。将人
造绿植进行修剪，装饰在很小的
花器里。

也能形成有色彩的装饰！

手工制作的木框墙壁架，还有铁
质的架子组合在一起构成的室内
一角，颜色是白色和粉色的组合。
人造花不仅用了紫阳花，还有玫
瑰，感觉更加可爱。

藤蔓和绿叶的家具装饰

将树枝做成画框的形状，然后上面缠绕长长的藤蔓，这样就很有艺术森林的造型感。还可以加上人造的花朵、果实等，还可以放上动物的造型，这样就更有样子了。用粘着剂粘住就行。

长长的藤蔓摆成沿着墙壁爬的样子，这是很受欢迎的一种装饰方法。用钉子和大头钉找好平衡固定。轻一些的东西会比较好。就好像挂小彩旗那样，将墙壁装饰起来。

剪下来的叶子用胶带固定，形成了很特别的墙面装饰。可以和孩子一起来粘贴制作，让孩子的房间的墙壁上作出一棵大树也很不错。树枝上可以弄上钩子。

铁质的架子上缠绕藤蔓，家具的感觉焕然一新。利用曲线形的设计缠绕上去，是很简单的创意。根据家具的颜色选择藤蔓的颜色就可以了。

小物件的改造中不可缺少

种植迷你绿植的一套小器皿，里面装饰上可以长期使用的人造花，这样就可以在室内装饰中积极运用了。可以让客厅的桌子显得更加华美。

灯罩上的装饰也下了些功夫。放上了很受欢迎的小鸟造型，让灯罩更加引人注目。除此之外，还放上了和花朵很搭配的蝴蝶造型。

薄木板材质的奶酪盒。里面装饰上人造花。花朵和叶子搭配，再加上假糕点，显得特别可爱。还可以作为礼物送给喜欢小装饰物的朋友，肯定会得到称赞。

一边购物一边获取装饰灵感的 10 家店

光顾一下能学习绿植装饰技巧的店铺

这里介绍的十家日本店铺，是店面里的绿植装饰都很有品味的杂货店。到店里逛逛，不但能找到装饰灵感，店铺里出售的也都是初学者易于掌握的绿植，一边购物一边学习装饰技巧，欢迎大家有机会都来看看。

篮子、油灯还有吊灯等装饰也很丰富。不定期还会开专题讨论会。

绿色杂货屋西宫店

兵库县西宫市高松町 14-2 阪急西宫 GARDENS 1F 东楼
电话 0798-65-4187 营业时间 10:00-21:00 年中无休

如果想营造绿色生活空间，绿色杂货屋就能提供绿植和小杂货搭配的装饰方案。店内有自然派和田园派的各种杂货，还有英国的古董品，可以说品类丰富，进到店里感觉好像迷失在了国外的跳蚤市场似的，充满了淘宝的乐趣。

店面布置也非常引人注目。比如，带水龙头的马口铁桶里密集种植着多肉植物，复古的彩色玻璃、相框还有绿植的搭配装饰，形成工作室的氛围。在店内逛逛，就能获得很多

灵感和创意，很多东西都能成为参考，是很多爱好者都喜欢的店铺。

店员还会提供植物相关的各方面信息。有什么不明白的都可以毫无顾忌地提问。店员总会笑脸相迎。当然，能够作为绿植装饰的多肉植物和小型绿植的苗也品类丰富。可以现场和店里的杂货尝试搭配，能找到所需的效果，这也是此店受欢迎的原因之一。

绿色杂货屋

难波店
大阪府大阪市中央区难波 5-1-60
难波 CITY 本馆地下 1F
电话 06-6644-2487 营业时间
10:00-21:00 不定休

店铺坐落在大阪为数不多的大型
购物中心美丽与休闲。以新鲜为
主题。在店里充满了各种鲜嫩的植
物，在店里走走就很有治愈效果。

神户店
兵库县神户市中央区御幸通 8-1-6
神户国际会馆 SOL 地下 2F
电话 07-8231-4187 营业时间
10:00-20:00 不定休

店里光线稍微有点暗，地板上有射
灯，整体漂浮着成熟的气息。大概
20 平方的空间里，摆放着园艺用
品和田园风格的杂货。

舞多闻店
兵库县神户市垂水区舞多闻东
2-1-45
BLUEMAIL 舞多闻 1F
电话 07-8784-8741 营业时间
10:00-21:00 年中无休

绿色杂货屋的五个分店中面积最
大的一个，有 90 平方米的卖场。
周边很多独门独栋的住宅，所以店
里也卖大型家具、花架、生活用
品等。

草津店
滋贺县草津市新浜町 300
AEON 购物中心草津 AEON
（IBSATY）2F
电话 07-7564-4187 营业时间
10:00-20:00 年中无休

作为园艺杂货店，在京都滋贺地区
算是最大规模的，大概有 60 平方
米的卖场，品类齐全。宽敞的店内
除了室内用的杂货，还有室外用
的，各种新奇东西都有。

以百叶挡板为主布置的一角，都是
法国物件。

除迷你多肉植物之外，还有橄榄、
爱心榕等多种观赏树木。

喜欢古典氛围的人都会想要一个漂
亮的壁炉装饰。

店内有很多可以和绿植搭配的小物件！

1 带水龙头的洗脸盆样式的架子
最近是很受欢迎的物件。2 复
古的彩色玻璃框以及相框用常
春藤做装饰，这是大家都应该
掌握的装饰技巧。3 印度尼西
亚的 "ALL FROM BOATS"
的椅子是放什么都很搭的好帮
手。因为是船上使用的柚木
材料制成，放在屋外使用也没
问题。

木条箱子既可以做装饰又可以做
收纳。

水山花园 Water Hill Garden

"绿色画廊花园"除了观叶植物，还有素雅的杂货和家具陈列，逛起来有种淘宝的感觉。

东京都八王子市松木 15-3
电话：04-2676-7115
营业时间 10:00-20:00
餐厅 11:00-22:00
周六日，法定假日 11:30-22:00
年中无休
http://www.gg-gardens.com/

不仅有绿植，
还有蔬菜市场和咖啡店，
是可以一整天在这里玩耍的好去处。

大约 1400 平方米的面积里，有四个店铺的综合设施，老板是特别喜欢植物，想要推广欧式生活方式的人，为此经营了这里的设施。这里绿植、园艺用品以及营养土什么都有的"绿色画廊花园"为中心，还经营蔬菜市场、餐厅、观赏鱼商店等，一家人可以在这里放松一天。

这里能找到园艺艺术的诸多灵感！

绿色画廊花园

1 苗和木的卖场一般会有超过 1000 种的品种销售。仅是花草就有 200 种，经常光顾的回头客里也包括很多园艺专业人士。2 热带雨林一般的观叶植物卖场。里面包括一些枝叶弯弯曲曲的特殊品种。3 被藤蔓覆盖的租屋"青苔屋"也有关于植物绘画艺术的讲座。

园艺市场

模仿巴黎的市场，销售精选产地的蔬菜和厨房用品的店铺。

三点下午茶餐厅

餐厅名称取本地的古老方言里"三点下午茶"的意思。可以购买古典家具。

ANTRY 安特利

大阪府和泉市望野
3-1172-4
电话：07-2550-6040
营业时间 10:00~18:00
周三休（法定假日的第二天休）
http://www.antry.co.jp/

绿植、人造花与杂货的混搭，
简洁干练，
一定要去看看！

以混搭格调为理念，自然派、复古派及
田园派等多种格调的杂货及家具都有销
售。店面是以前的裁缝工厂改造的，同
时以家具商店的审美感觉销售各种设计
优良的园艺用品。杂货、家具与绿植融
合的卖场里有各种搭配的样本，可以成
为不错的参考。

适合室内的绿植以及人造花都品类丰富。玻璃瓶、铝制罐子、陶罐等花器也是受欢迎的商品。

英国的复古书桌周围，
均衡地摆放着迷你瓶
子、室内绿植，成为一
个小样板间。

作为家具商店
销售的园艺用品都是精心选择的

1 颜色鲜艳的盆、做旧风
格的花盆，品类特别丰
富。可以和绿植一起购
入。2 马口铁的喷壶是英
国 Eden Original 公司的
产品。除了可以浇水，当
个摆设也很好看。

店面的入口处有店主森田克由自己养的橄榄苗出销。

埼玉埼县鹤岛市中新田 363
电话：04-9285-6063
营业时间 10:00-17:00
周一休
http://www.czben.com/

很符合普罗旺斯情调的庭院布置
各种园艺用品和植物苗

这是个田园风格为主的老店，从日本盛行田园派居家装饰的时候开始就有店了。店面是店主夫妇自己动手设计制作的，有很多原创的物品以及定制家具，除此之外也有植物苗和花盆等物品销售。还承接园艺设计施工，如果对花园有比较细致的要求都可以尽量满足。

承接园艺设计和施工，涵盖住宅及商铺的园艺领域。复古的砖瓦和古董材料的普罗旺斯风情庭院特别受欢迎，想做都要排队预约。

销售的同时可以给客人们提供绿植的装饰方案

1 手工制作的白色壁板为背景，前面摆放着各种园艺用品销售。马口铁的罐子和复古的花盆，都可以根据需求当场打孔。2 美国汽车的车牌做成的小架子。背面是铁丝网的，透气性好。

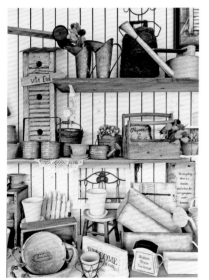

露台装饰的柜台有田园风的盆、工具、托盘等摆放销售，让人能感觉到园艺的乐趣。

维多利亚工艺 VICTORIAN CRAFT

长野县松本市新桥 6-16
LIFE STYLE MARKET 内
电话：02-6335-3592
营业时间：11:00-19:00 不定休
http://www.victorianraft.com/

室内装饰常用的多肉植物也有很多。颜色微妙的叶子与古典家具也很好搭配。

可以买到从园艺大国的英国直接进口的商品

店铺经营英国的古董家具及修理。还有搭配风格一致的古旧园艺用品。商品品类丰富，有英国老牌的园艺制造商 HAWS 公司和 Joseph Bentley 的喷壶和园艺用具。

从五颜六色小物件到古董品
商品种类丰富

1 颜色鲜艳的喷壶，是英国 HAWS 公司从 1886 年开始延续下来的制作方法生产的，能洒出涓涓细雨般的水。2 除了花器还有各种造型的杂货。

顶棚上挂起绿植，架子和木箱也可以做绿植装饰，花了不少心思布置的园艺一角。

拥抱家园和花园 HUG home&garden

三重县桑名市多度町多度 2-22-5
电话：05-9448-6098
营业时间：10:00-17:00 周四休
http://www.dct-jp.com/

绿植、鲜花和复古情调完美结合，自然派风情不容错过！

2013 年迎来 20 周年纪念的当地人气商店。在很大的营业面积内，有杂货店、咖啡店以及英国园艺店，可以逛的地方特别多。英国购回的古董杂货搭配绿植，构建了很多漂亮的场景。店主还开设了密集种植绿植的讲座。

在活动上进行展示的是英国街头风范的格调，设计理念是自然与复古。

屋外有育苗空间，就好像家里的庭院一般

一起开设的咖啡店，可以靠在古董椅子上享受绿植的治愈效果。推荐他们自家制的华夫饼。

英式花园内也卖植物苗，马口铁的洒水壶和铁质的栅栏等和植物搭配进行展示，可以边游览庭院边选购商品。

草冠 Kusakanmuri

东京都涩谷区惠比寿西 1-17-2
电话：03-6415-4193
营业时间：12;00-20;00 周二休
http://www.kusakanmuri.com/

1 白色和绿色的花草搭配非常美丽，店内格调简洁而洗练。2 玻璃器皿与鲜花花环搭配，下铺蕾丝衬布，形成清纯的桌面布置风格。

还有书籍一角和茶水间

3 有可以品尝香草茶等的茶水间。4 除了鲜花和自然派杂货方面的书籍，还有生活方式、手工制作、艺术、设计等相关书籍。

以大都市的野趣为理念，汇集白色和绿色的花草隐于市的花店

东京惠比寿和代官山之间伫立的花店。用绿植和鲜花来连接人们的心，提供赠花之人与被赠之人之间情感交融的礼品制作。还有人气讲师经常会带来花朵搭配及手工杂货的课程。

木本 Mokuhon

可以为室内带来个性风范的各种植物。

东京都中央区银座 1-14-15-101
电话：03-3566-4720
营业时间：12:00-19:00
周日、法定假日休

革制的带子搭配亚麻布料，搞起园艺来也不失时尚风范。

与自然派室内装饰很契合的大量珍惜观叶植物

个性的绿植装饰熠熠生辉

1 各种气生植物放在木质的相框上，构成了咖啡风情的墙面布置。2 多肉植物搭配纯白的陶盆，效果很好。白色台阶上的小杂货是很好的背景。

店名取"木之本"的意思。店长大和田说，"有些人会不满足于普通的植物，这样的人可以在我们店里找到所需，我们店里有充满个性的各种室内绿植。"很多少见的植物这里都有，店主在室内装饰方面也很有天分，擅长咖啡风情的布置。可以提供很多装饰的参考。

🌱 东部东京 East side tokyo

东京都台东区藏前 1-5-7
电话：03-5833-6541
营业时间：10:00-18:00（周日、
法定假日 10:00-17:30）不定休
http://eastsidetokyo.jp/

荷兰进口的 SILK-KA 公司制人造花如鲜花般美艳，很受欢迎！

鲜花的国度荷兰的制造商很能把握潮流脉搏，生产的人造花品类繁多，制作精良，质感如同鲜花一般，颜色洗练也是其魅力之一。和一般花店一样，可以帮忙设计制作花束。还有杂货工作室。

以荷兰 SILK-KA 公司生产的人造花为核心，也有日本产的人造花。可以选择自己喜欢的花自由搭配。

与花朵华丽地共舞

1 复古风格的陶罐为花器，搭配零售的玫瑰花束。2 成熟风范的黑色花器是比利时 D&M 公司的产品，等间距摆放显得很高雅。

🌱 东京堂 本店 tokyodou honten

东京都新宿区四谷 2-13
电话 03-3359-3331
营业时间：9:30-17:20
周日、法定假日休
周六不定休
（请在官网上确认）
http://www.e-tokyodo.com/

人造花、杂货、花器的搭配丰富多彩

从一层到七层，整个大厦都是人造花的大型店铺。配件和素材也很丰富，喜欢搭配和手工制作的人会欲罢不能。根据季节及活动，也会举办讲座。能够当场尝试搭配花与花器的实验空间也广受好评。

统一为白色和绿色搭配的一角。盆栽的制作工艺足以乱真。花环、花束等品类充实。

根据季节进行不同的展示

1 如果是送礼物，那么可以长时间保存的人造花还是很推荐的。比如母亲节就会用相框和纸盒等来装饰搭配。2 夏天里，颜色可以选大胆些的，体现清爽的感觉。

结束语

为什么身边有绿植，人就能得到治愈呢？
是因为绿色可以让人的眼睛放松吗？
还是它们的样子特别惹人怜爱？

不管是多小的盆栽，还是剪下来的花枝，
全都会拼命向着阳光的方向伸展，
只要有足够的水分就能生机勃勃。
它们就是这样努力地回应我们的感情。
所以只要生活空间里有绿植，
我们的心就能获得正能量。
所以请大家都尝试着在身边放一些绿植吧。
这样的话，你的生活空间才能变得更加美丽舒适。

让植物回复生机？！
你找到什么好办法了吗？

在进行第 6 页开始的卷头企划的拍摄过程中，绿植因为强烈的日光有些萎靡不振了。由此我也发现了让绿植恢复生机的专业技巧。首先，将多余的茎和叶剪掉，然后给予充分的水，然后将打开过大的花朵包起来，用纸将花朵整个紧紧包起，然后浇上足够的水，这样过几十分钟，花瓣就都重新竖起来了，恢复了美丽的样子。窍门就是花茎的根部要保持不弯，剪得短一点，让花朵能够短时间内就吸上水。如果买回家的花束有点蔫了，一定尝试一下这个方法。

协助本书制作的店铺名单

East side Tokyo
东京都台东区藏前 1-5-7
电话：03-5833-6541

Orne de Feuilles
东京都涩谷区 2-3-3 青山 O 大厦 1F
电话：03-3499-0140

住友化学园艺
http://www.sc-engei.co.jp/

PINE GRAIN
http://www.pinegrain.jp

Footpath
兵库县西胁市下户田 33-1
http://www.jupiter.sannet.ne.jp/naruto/shop.html

Flanelle B
京都府福知山市站前南町 3-93 芦田公寓 1F
http://flanelleb.com

Maruke Kobayashi
东京都台东区浅草桥 2-29-11
电话：03-3863-3578

绿色杂货屋
http://midorinozakkaya.com/

MoMo natural 自由丘分店
东京都目黑区自由丘 2-17-10 Haremao 自由丘大厦 2F
电话：03-3725-5210

律师声明

北京市中友律师事务所李苗苗律师代表中国青年出版社郑重声明：本书由著作权人授权中国青年出版社独家出版发行。未经版权所有人和中国青年出版社书面许可，任何组织机构、个人不得以任何形式擅自复制、改编或传播本书全部或部分内容。凡有侵权行为，必须承担法律责任。中国青年出版社将配合版权执法机关大力打击盗印、盗版等任何形式的侵权行为。敬请广大读者协助举报，对经查实的侵权案件给予举报人重奖。

侵权举报电话

全国"扫黄打非"工作小组办公室
010-65233456 65212870
http://www.shdf.gov.cn
中国青年出版社
010-50856028
E-mail: editor@cypmedia.com

图书在版编目（CIP）数据

自然生活家：用杂货与绿植打造舒适居室/日本主妇与生活社编著；周橙旻译.
—北京：中国青年出版社，2017.10
ISBN 978-7-5153-4884-1
I.①自… II.①日… ②周… III.①住宅－室内装饰设计 IV.①TU241
中国版本图书馆CIP数据核字（2017）第206527号

策划编辑／曾 晟 张丹妮
责任编辑／刘稚清 张 军
封面设计／郭广建
封面制作／邱 宏

自然生活家：用杂货与绿植打造舒适居室
日本主妇与生活社／编著 周橙旻／译

出版发行 中国青年出版社
地 址：北京市东四十二条21号
邮政编码：100708
电 话：（010）59521188／59521189
传 真：（010）59521111
企 划：北京中青雄狮数码传媒科技有限公司
印 刷：北京建宏印刷有限公司
开 本：787 x 1092 1/16
印 张：6.75
版 次：2017年11月北京第1版
印 次：2017年11月第1次印刷
书 号：ISBN 978-7-5153-4884-1
定 价：59.80元

本书如有印装质量等问题，请与本社联系
电话：（010）50856188／50856199
读者来信：reader@cypmedia.com
投稿邮箱：author@cypmedia.com
如有其他问题请访问我们的网站：http://www.cypmedia.com